U0158123

它们的性

王大可 著

新 星 出 版 社 NEW STAR PRESS

新经典文化股份有限公司
www.readinglife.com
出　品

流苏鹬

流苏鹬是一种特别的水禽，雄性演化出了三种形态：黑色的凶狠的“地主阶级”，白色的顺从的“流浪汉”，以及外形酷似雌性的“伪装者”。

蓝孔雀

获得交配机会的雄性蓝孔雀一边交欢，一边引吭高歌时，方圆几公里都可欣赏到这刺耳的叫声。按常理说，交配之时是动物一生中最危险的时刻之一，容易被捕食，必须谨慎、谨慎再谨慎。雌孔雀对于这种男子气概十分佩服，循声而来主动献身。

原鸡

原鸡是家养鸡的祖先，群体中的每只鸡都有自己的社会等级，从原鸡的一生，可以窥见性选择的残酷。

刺舌蝇

刺舌蝇是一种浪漫而持久的生物，它们的平均交配时长为77分钟。

孔雀鱼

雌性孔雀鱼偏爱肚皮鲜艳的雄性，雌性会通过延长交配时间让这类雄性传递更多精子。

雄西方松鸡

雄西方松鸡求偶的时候心无旁骛，竖起全身的羽毛，奋力拍打双翅，旋转跳跃闭着眼，舞蹈不完跳动不止。猎人可以轻而易举地射杀，甚至徒手擒获他们。美是危险的根源，爱是死亡的伴侣。

目录

第三章　正义与宏观规则

第四章　对宏观规则的反抗

第五章　“她”或“他”，谁来制定规则

第六章　雄性弱者的反抗

第七章　雌性的反抗

第八章　母权社会下的新压迫

序言

很多人问我，大可，你为什么要研究“性”？

说这话的时候，男生通常低眉颔首、眼神迷离、双颊微红，羞涩地揉搓着双手，头稍侧向左边，双唇使劲抿住，陷入想笑不能笑的困境。

女生就直接多了，整个人像弹簧一样咯咯笑个不停，吃饭的时候，一排脑袋波浪似的起伏。

经历多次数不清的交谈，我发现这实在不是三言两语可以解释清楚的，迅速从泥潭抽身的法子就是回答：“为了研究怎么找对象。”毕竟大可是一个在高中就暗中观察，在女生的姨妈期和非姨妈期，男生发起聊天的频率是否有显著差别的奇女子，拥有八年“如何找对象”的理论研究背景，虽然被硬生生地拖过了可以早恋的年纪，但仍旧多年如一日地给我那些母胎solo的闺蜜灌输“如何站在达尔文的肩膀上找对象”，纵然目前战绩为零，仍然屡败屡战。

然而紧接着下一个问题就来了：“那该怎么找对象呢？”从朋

友们汹涌的追击中，我深切地感受到如今的少男少女在面对情感问题时的焦虑，不禁瑟瑟发抖，脑子里闪过长长一串名单。临行去牛津前，老妈几十年未见的闺蜜们纷纷加上我的微信，语重心长地叮嘱我为她们的女儿留意对象。

遇到这种问题，本着认真负责的态度，我详细地从进化论讲到自私的基因，从无性繁殖讲到有性繁殖，直到提问者昏昏欲睡，垂死梦中惊坐起：“打住，so what？”

这个时候只能拿出老中医的传统良方：“要不我给你设计一个量表，你们回家做做看？”

卒。

而之所以，

“你为什么选这个专业？”

“你为什么选这个大学？”

“你为什么选这个国家？”

……

诸如此类的问题都很难回答。这是因为，在尘埃落定之前，你也不知道自己将来会出现在哪，你能做的就是给未来预留很多可能性。

而我选择的第一步，是读了生物，因为我想理解世界运行的规则。数学、物理、生物、哲学、心理学、人类学等学科，殊途同归，我都挺感兴趣，排除了智商准入门槛很高的学科后，我认为生物学的切入点简单粗暴，不就是争取“活得长、生得多”

嘛！于是就入坑了。

选择的第二步，就是遇到现在的导师。来牛津之前，我都不认为“性研究”是严肃的科学。大四申请季，犹豫着转行，我实在不想做一个宏大框架下重复旋转的小齿轮，收着一管管 DNA，养着一瓶瓶细胞。课余时间，我怀着对爱情的浪漫憧憬，自个儿研究忠贞的不二法门，却写出了令人心碎的鸟类出轨报告。我从一篇婚外情综述的参考文献中挖出我的导师，一拍即合。虽然至今不知道他看上我哪一点，也许这就是——你蠢我会夸，我丑配你瞎。

但有人就问了：“明明你研究的是羞羞的事情，怎么能算是找对象呢？”但不研究啪啪啪，难道研究公鸡怎么请母鸡喝咖啡、看电影吗？

在动物中（人也是动物），恋爱有两个核心——求偶和交配；婚姻也有两个核心——交配和育雏。公鸡求偶时会跳特定的舞蹈，炫耀自己的男子气概，如果母鸡避之不及，这段追求就失败了，如果她邀请他交配，就可以视作一段成功的浪漫关系。求偶和交配都是可以观察和量化的，我的课题研究的是公鸡的恋爱经历如何影响择偶观。没问题啊！

又有人会问了：“这和理解世界有什么关系？”

理解世界的最好切入点是生命（对我而言），了解生命有两个角度——个体和群体，维持一个群体的核心是社会关系，社会关系中最基础的关系就是性关系。

性关系绝不仅仅指性伴侣关系，最主要的性关系是父母和子女的关系，它既是生育的结果，又是爱的原因，具有极度的排他性和不可更改性，是信任滋生的稳固平台，是部落形成的前提。第二重要的性关系才是性伴侣关系，绝大部分生物都没有固定配偶，雄性是精子的“搬运工”，雌性是基因的“交换器”。在有固定配偶的群体中，性关系是连接两个没有亲缘关系的个体的强有力的纽带，让他们没有猜忌（或猜忌较少）地为共同目标努力。其他的所有社会关系都是建构在这二者之上的二级关系，比如合作关系。

那么研究“性”对于寻找生命的意义有什么帮助呢？

从自然选择和性选择的角度看，生物有两个任务：第一，对自己，活得长、过得好；第二，对后代，生得多、孩子好。然而对一个个体而言，繁衍的代价远大于收益，求偶、生殖、育雏，无一不是耗能巨大，可回报又是什么呢？

为什么我们要为孩子付出那么多？我听到的最多的回答是“孩子是我的一部分”“孩子是我的延续”。这种朦胧的情感，追踪溯源就是——你身上有我一半的遗传物质。家族遭遇外敌入侵，个体牺牲自己保全亲人的性命，这样纵然我消逝了，我的基因仍留在他们身上。环境资源紧张，我放弃自己繁殖的机会，给亲人带孩子，纵然这些孩子并不是我亲生的，但我的基因仍在这些新生儿身上。如果个体只为自己而活，他没有无私的理由。生命易朽，基因长存。基因像不灭的灵魂，寄居在寿命有限的肉体上，在一代代生物的身体中，流动、变异、扩增，它不介意哪一具身体在演化道路上碰得支离破碎，就像我们手上蹭破一块皮，新的细胞依然会长起来。

人类社会只是动物社会的一种，现代人类社会只是全球长时间尺度下存在过的人类社会的一种，当代西方文明不过是这几百年内人类文明中更能打的一个。然而，人类却傲慢地把动物性的高尚归功于人性，把人性的龌龊归罪于动物性。人类把自己“高贵的基因”捧在手心里，却并不知道自己其实是一颗脆弱的鸡蛋，所以自视甚高，认为鸭蛋、鸽子蛋、鸵鸟蛋这些低级蛋不配和我这个高级蛋在同一个篮子里，但谁知道明天谁先碎？

如果生命的意义是为了让基因更好地存在，那么基因为什么要复制、为什么要突变，基因演化的方向是什么、目的是什么，存在比不存在要好吗？可惜我们不能理解基因，就像培养基里的大肠杆菌不能理解人为什么要养它们。

不妨把我们自己想象成实验室的大肠杆菌，经历沉寂的岁月和莫名其妙的狂欢，24 小时后在冰冷的化学试剂中被开膛破肚，走完重复单调的一生，残存的下一代则在循环中不得超生。西西弗斯不断把巨石推上山顶，我们该如何定义（而非寻找）人生的意义？

一个简单的活法是，按照基因告诉我们的那样活下去，做它虔诚的奴隶，臣服于巨大的不可知。寿终正寝，儿孙满堂。

基因驯化生物，就和人类驯化狗一样。你做了正确的事情，基因会给予你奖励——快乐。做了错误的事情，基因会给予你惩罚——痛苦。对个体而言，饿了没有东西吃会难受，欲望满足了会舒心，生物吃饭的动力是获得快乐，行为的结果是活下去。但对基因而言，它指使生物吃饭，目的不仅是让生物能活下去，更是让它好寄居得更久一些。生物“性欲望”得不到抒发会痛苦，解决后会舒畅，生物追求的还是快乐，但这个行为的结果是繁育后代。对基因而言，它指使生物交媾，目的则是创造新的寄居肉体。

但生物不能只追求一时的快感，而要追求可持续发展的快感，不仅要追求今天有饭吃，还要追求未来有饭吃，不仅要自己有饭吃，还要家人有饭吃。如果在群体里分工合作获得的快乐大于单打独斗，就应该合作共赢，对基因而言，群体的快乐总和也有增加。因为人类是基因忠实的仆人，快乐将成为唯一的衡量业绩的标准。

一切井然有序，就和正在发生的一样。

但如果我们活着只是为了基因的利益，那么我们的生命从我们的角度来看就是荒谬的——因为活着没有意义。倘若我们直觉活着当然是有意义的，那么我们便不能将快乐作为唯一的衡量标准，接下来又该如何构建人生意义呢？为什么我们一定要坦然接受基因的奴役，丁克、同性恋情、甚至结束生命是不是一种反抗？

人，究竟该如何活着？

王大可

2018 年 1 月 21 日

第一章

虎口夺食

LOVE AND SEX in THE ANIMAL KINGDOM

一、求偶难题：美、暴力与欺骗

又到了动物交配的季节，草地上，流苏鹬争夺配偶的战争已经一炮打响，各群体严阵以待，使出浑身解数。打头阵的当属装备着黑色羽毛的流苏鹬，他们是这片领地的老大。一旦有雌性进入，黑色流苏鹬便会翩然起舞，搔首弄姿地展示自己的美好。黑色流苏鹬体形强壮，是土地上的地主阶级，优先享有领地、食物的使用权。在异性面前，他们拥有优先展示自己的权力，优渥的生活条件也更容易得到异性青睐。

两只雄性黑色流苏鹬狭路相逢，眼下硝烟弥漫，剑拔弩张。雌性缓慢踱着步子，她们更想看看雄性的才艺表演，他们长得赏心悦目，会唱曲会跳舞，能给生活增添更多情趣。两只雄性流苏鹬会意，开始抖擞着胸上的羽毛，张开翅膀笨拙地跳舞。雌性心满意足地走向唱跳俱佳的雄性。然而，没得到青睐的雄性开始耍赖，一脚踹在赢得美人的雄性背上，用尖锐的喙啄对方娇嫩的泄殖腔。后者雄姿英发的样貌不见了，反倒被撵着满场跑。雌性的心上人就这样被暴力逐出了竞技场。

螳螂捕蝉，黄雀在后。雌性观看这场战斗的时候，一只白色雄性流苏鹬鬼鬼祟祟地接近了她。这只白色流苏鹬是帅气黑色流苏鹬的跟班，在老大被追得满场跑的时候，他没想着上前帮衬一把，倒是想渔翁得利。他猛地扑到雌性身上，咬着她的脖颈，弯曲下半身准备交媾。雌性哪想到前有豺狼后有虎豹，只能奋力挣扎。洋洋自得的黑色流苏鹬这才缓过神来，忙上前驱逐白色流苏鹬。

心上人跑了，雌性只得将就嫁给眼前这个救了自己的以暴力取胜的黑色流苏鹬。婚后生活并不是一帆风顺。丈夫后宫充实，这天，他又瞧上了新的“雌性”，卖力地献着殷勤。他炫耀着让自己称霸一方的肌肉，目标“雌性”只觉得索然无味，但却并不拒绝结婚的邀请。新来的“雌性”热烈地和雄性的后宫佳丽们打着招呼，旧有的雌性并不排斥，只当是百无聊赖的生活中多了一个陪伴。谁知新来的“雌性”举止暧昧，刻意制造着肢体接触，旧雌性只当对方在释放友好的信号，并未驱逐“她”。“她”一个踉跄翻上一只旧雌性的背，咬颈踩尾交媾一气呵成。旧雌性尚未反应过来发生了什么，新来的“雌性”早已跑得无影无踪。旧雌性生殖器周围尚有温热的精液，她怎么也想不到将来自己的儿子也会生成这副模样，靠欺骗来获取仅有的交配机会。

流苏鹬是一种特殊的水禽，雄性有三种形态，黑色的是凶狠的地主阶级，白色的是顺从的流浪汉，另外还有长得和雌性差不多的伪装者。地主阶级通常占 80%～95%，流浪汉占 5%～20%，伪装者少于 1%[1]。雄性在繁殖地炫耀求偶，等级森严，战场永远属于地主阶级。流浪汉四处吆喝吸引雌性，却没有交配权。因为一旦他们的不轨意图被地主阶级发现，就会被啄得头破血流，但深谙套路的流浪汉总能在地主阶级与其他雌性缠绵、无暇他顾之时，在隐蔽的地方抓住一只雌性快速解决生理需求。伪装者体形与雌性相当，没有花哨的羽毛。因为外形酷似雌性，他们闯入地主阶级的领地时并不会被驱逐，甚至会引起地主的怜爱。时间紧迫，在进入地主的后宫之后，他们需要在露馅之前找准时机，以最快的速度找到“姐妹”交配，把精子发射到雌性体内，再全身而退。这被称为替代繁殖策略①。

二、弱者的求偶策略

流苏鹬的策略在自然界里并不是孤例。无法正当寻得交配机会的雄性几乎只能靠此方法繁衍后代。动物深谙弱者要翻身，靠诚实竞争没用。那些诚实竞争的弱者大都被淘汰了，无法出现在我们的视线里，而不诚实的竞争者，却年复一年从强者口中夺食。

① 替代繁殖策略（Alternative mating tactics）：同一物种中的某一性别可以呈现多种表现型，在求偶的过程中，其中一些表现型会采取一些非常规求偶策略。这一现象通常在雄性中更常见。在流苏鹬的例子里雄性就有三种形态。

睛斑扁隆头鱼在江河湖海中追逐嬉戏。躁动的雄性四处寻找隐秘的小窝，装扮自己的新房。待一切准备就绪，雄鱼就殷勤地邀请雌性来家里参观。孤男寡女共处一室，浪漫逐渐升温，雄鱼亲吻着雌鱼，两鱼像偶像剧中演的那样，在充满粉红色气泡的水里螺旋上升，螺旋下降[2]。

雄鱼单鳍跪地："嫁给我好吗？为我生儿育女。"雌鱼脸上泛起红晕，娇羞地点点头，解开衣裙，产了一地卵。雄鱼喜不自禁，正准备大干一场。说时迟，那时快，被爱情冲昏了头脑的雄鱼并没有意识到，另一条雄鱼已在洞口窥视好久了。他像离弦之箭般蹿到雌性身边，以迅雷不及掩耳之势放出一大堆精子。在房主意识到自己被绿了之前，捡漏的雄性又一个箭步逃离作案现场，一切都那么天衣无缝[3]。

这种"可耻"的行为被称为寄生。寄生行为广泛存在于体外受精的鱼类中。地主阶级通常由高大威猛、颜色艳丽的雄性组成，他们往往优先占据了最好的繁殖位点。剩下的雄鱼要么只能找到屋顶塌了半边、雌性正眼都不瞧一下的破窝，要么居无定所。雌性找对象十分看中对方的经济实力，好的房子往往更隐蔽，易于躲避捕食者，后代存活率更高。

那些体形小的雄性虽然硬拼拼不过，但还可以玩阴的，尤其很多鱼类是体外受精，更加有机可乘，雄性即使对着苍茫的大海发泄欲望，也有几分概率喜当爹。当然，最有利可图的还是在别人洞房花烛之际乘虚而入。这种当面给人扣绿帽子的行为很危险，简直是用生命在“啪啪啪”，跑得慢了就会被胖揍一顿扔出门。不仅如此，地主还会千方百计提防小偷。比如，在小长臂虾虎中，如果想捡漏的雄性比例很高，地主便会把家门修得小一些，让他们有命进来没命出去[4]。道高一尺，魔高一丈。为了应付这类情况，小偷有时候会趁男女主人出门的时候，偷偷潜进房内，释放一群精子[5]。想到地主和地主配偶之后将在自己的精液环绕下缠绵，小偷的嘴角便浮现出邪恶的笑容。

三、动物们也渴望公平

在雄性流苏鹬群体中，除了地主阶级，剩下的两种表现型都被视为小偷。地主不欢迎他们，自己勤劳建起的房子、迎娶的娇妻，却被小偷占有。雌性也不欢迎他们，性行为需要双方同意，自己却在猝不及防中被侵犯，万一受精，生出流浪汉或伪装者的儿子，就也是天生的小偷。哪个父母不希望孩子老实本分地生活，哪个孩子不希望自己有一个厉害的父亲？伪装者像过街老鼠一样，人人喊打，却灭绝不了。

体格强壮的地主鱼也是这样想的，若是劲敌在外，地主便要时时刻刻守卫自己的房子和配偶，以致浪费了本可以用来觅食的时间和精力。高墙之外，不满的“无产者”时刻准备着冲进地主房内分得一杯羹，谁叫他们垄断了繁殖必备的领地资源。小偷们浪费了好不容易吃进去的能量，来生产大量的精子。无奈的雌性，明明是自由恋爱，却中途被人插一杠子，莫名其妙生了别人的孩子，有苦说不出。

雄性黑色流苏鹬和地主鱼希望能建立一个公平正义的世界，大家凭借打架能力分配领地和配偶。小偷们也希望建立一个公平正义的世界，择偶的标准能更多样化，不因为天生矮小就丧失公平竞争和追求爱情的权利。雌性流苏鹬同样希望能建立一个公平正义的世界，没有欺骗、没有强迫，自由恋爱。

那么，什么是公平？

四、警惕恋爱中的骗局

什么是公平难以回答，我们不妨换一种方式来寻找答案——什么不是公平。对小偷感到愤懑的人估计会认为欺骗有违公平，但当我们满怀期待地去自然界中找寻诚实，最后可能会失望地发现，欺骗远比诚实来得广泛。

求偶博弈中的欺骗无外乎我爱你，你却不爱我，因此我伪装自己来迎合你。伪装总有卸下的一天，发现对方不是良配的雌性，或高傲地一走了之，或深陷雄性的陷阱无法脱身，只得委曲求全。无论如何，受到欺骗的雌性都付出了时间成本，甚至生殖成本。

纵然在人类眼里，雄性蓝孔雀有着夺目的尾羽，但在雌性眼里，漂亮的尾巴太多，有趣的灵魂太少。那些长得不够美、才艺不够好、打架不够强的雄性终究难觅佳人。如果雌性都不愿上门看看，他们就更没有机会了。因为流量为王，而自然界里最招徕流量的就是叫声。

蓝孔雀交配时的叫声格外地引人注目，获得交配机会的雄性蓝孔雀一边交欢，一边引吭高歌时，方圆几里都可欣赏到这刺耳的叫声。按常理说，交配之时是动物一生中最危险的时刻之一，容易被捕食，必须谨慎、谨慎、再谨慎。那些不处于食物链顶端的物种一般都会找一个隐蔽的地方悄悄行动。雄性蓝孔雀却反其道而行，大声宣告自己的存在，面对气势汹汹的捕食者毫不畏惧。雌孔雀对于这种男子气概也是十分佩服，循声而来，主动献身[6]。

按常理说，自然选择会首先筛选掉无事乱叫的个体。如果是被捕食者，叫声可能吸引来捕食者。如果是捕食者，叫声可能吓跑被捕食者。交配是一件私密的事情，最好不要被突然打断，而叫声可能会引来无关的围观者。交配要持续一段时间，这段时间内，无论是逃跑、防御，还是打架，都受到影响。但性选择经常展现出超出常规的筛选力度，雄性冒着生命危险也要展示出能够彰显自己成功的性状。或许在雌性看来，这性感的吼声象征着面对逆境仍能生存的能力。因此雌性乐此不疲地循着交配声而来，对交配中的雄性芳心暗许。

既然叫声能给自身魅力加分，一些不法分子也就打起了小算盘，纵然自己是铁杆单身汉一个，也要学着那些风流公子哥成天乱叫。这些心机雄孔雀叫完之后还会衔住一根小木棍啄地，假装嘴里有食物，勾引雌性。平均而言，叫声可以多吸引 14.4% 的雌性造访，一旦有了流量，雄性就可以尽情展示自己，或者使用蛮力逼迫雌性就范。大多数雌性抱着看帅气小哥哥的心愿而来，却失望而归。不过，我们也不能全然忽略雌性的主观能动性，骗子毕竟是骗子。研究人员发现，尽管 31% 的叫声是骗子发出的，但只有不到 3% 的骗子能成功和雌性交配[6]。

除了模仿交配时的叫声，雄性还可以通过模仿危险靠近的声音来恐吓雌性进行交配。曼妙的歌声能为雄鸟增色不少，毕竟鸟驰骋天空，光凭眼睛发现潜在交配对象效率太低，而歌声穿透力强，且搜寻成本低。雌性琴鸟就会被歌声吸引，驻足听上半晌，如果发现这个奋力歌唱着的雄性不对自己胃口，就会离开。雄性一看，自己辛苦唱了半天，快到手的媳妇竟然想飞走，立马就会转变声音，发出通常遇到捕食者才会发出的声音，表示外面危险。雌性只能好好留下来共度良宵，等外面安全了再走[7]。

公鸡也深谙欺骗之道。公鸡在遇到蛋白质丰富的食物（如虫子）时，并不会一口吞下。生殖期雌性的蛋白质消耗巨大，比公鸡更需要虫子。因此，公鸡会利用食物吸引雌性靠近，具体做法是将虫子衔在嘴里，以喙扣地，发出咕咕声。听到声音的雌性，为了获取食物，常常会和雄性进行交易。雌性获得了食物，雄性获得了性满足。然而，不诚实的雄性常将小木棍衔在嘴里，模仿叼住虫子的姿态，发出类似的声音。雌性往往要走近才能发现被骗，而此时已不一定能逃脱。

五、什么样的对象才是优秀的？

什么是诚实的信号呢？1974年，以色列演化生物学家阿莫茨·扎哈维（Amotz Zahavi）提出了不利条件原理①（Handicap principle）[8]，认为雌性偏爱基因质量高的雄性，雄性不仅要身板硬，还需要做一个好的推销员。

每个雄性都可以吹牛皮说自己是天下第一，雌性却没那么好糊弄。雌性巧妙的逻辑是，如果这个雄性身上有不利于生存的特征，却还能充满激情地在我面前搔首弄姿，那一定是具有独特的生存技能。比如，雄孔雀有靓丽的长尾巴，鲜艳的颜色更容易吸引捕食者，长尾巴不容易逃脱险境，在毫无遮蔽的公共场所开屏也会增加危险。但尽管如此，他还是能够站在她面前求爱，正说明了他足够强壮和机智，那他们的孩子也会遗传到他的强壮与机智。那些不够机敏却仍旧在雌性面前炫耀的雄性早被吃掉了，而那些短尾暗色的雄性在生存和繁殖的两难中选择了生存，也就失去了性吸引力，只有强壮机智的雄孔雀才能抱得美人归。所以，选取什么样的信号，制定什么样的标准，就有讲究了。

扎哈维提出的不利条件原理指出，如果展示一个信号需要付出极大代价，而个体仍旧选择展示信号，那么这个信号就能诚实地反

---

① 不利条件原理（handicap principle）：雌性有时会偏爱一些有着明显不利于生存的性征的雄性，这些性征是诚实的信号，表明生物付出了很大代价，也不影响生存，自身条件很好。

映个体质量。比如，泰突眼蝇两只眼睛隔那么远，一不小心就撞坏了，能够完整地活着，说明它的生存能力一流。实验证明，眼间距确实是一个诚实的信号，可以同时反映基因质量和成长环境质量。以泰突眼蝇为例，基因质量好的雄性泰突眼蝇不管吃什么都眼间距长，基因质量差的泰突眼蝇眼间距受环境影响很大，没吃好眼间距就小了。而在基因状况一致时，营养状况好的雄性眼间距更长[9]。

1982年，美国生物学家威廉·汉密尔顿（William Hamilton）和马琳·祖克（Marlene Zuk）提出了健康假说①[10]，认为雌性会偏爱健康的雄性。在寄生虫病流行的物种中，颜色鲜艳的羽毛显示了雄性的健康程度。被寄生虫困扰的雄性无力产生鲜艳的羽毛，皮肤上的秃皮也会显示该雄性可能感染了寄生虫。雌性还能通过检查雄性的尿液或观察其打斗能力判断其是否生病。三棘刺鱼的红肚皮可以显示自身的健康程度，越红越健康，雌性也确实偏爱更鲜艳的雄性。实验人员把一群雄性染成红肚皮，其受欢迎程度立刻爆表。当实验人员使用绿色的光照射鱼群，雌性无法区分雄性肚皮的颜色，就只能随机交配[11]。

但如果维持信号的成本太高，就难以广泛流传。比如，两个雄性为了心爱的姑娘决斗，斗完了，一个死了，一个重伤，虽然赢得战斗是诚实的信号，但是还活着的那位也没有力气交配了啊。因此，生物们更喜欢采用一些经济实用的信号，即传统信号。传

① 健康假说（Hamilton–Zuk Hypothesis）：又称寄生虫假说，即漂亮的第二性征表明该个体不受寄生虫困扰，很健康。雌性在挑选更漂亮的雄性时，也同时选择了相关联的健康基因。

统信号主要有两类，一类信号与打斗水平直接相关。比如，公鹿喜欢向对手咆哮，咆哮的频率和时长可以反映雄性的打斗水平。当你遇到一个连吼半个小时不停的对手，通常不会有干架的欲望[2]，因为对方看起来太能打。另一类信号与打斗水平间接相关。比如，携带勋章的动物被认为是能打的，麻雀胸前的一撮黑毛即为勋章，是身份的象征。但就像武林确定排位时有自己的规矩，携带勋章的“武林盟主”也需要接受众人的挑战。如果有一个携带勋章的弱鸡企图浑水摸鱼，便立刻会被打趴下。当弄虚作假成本太高的时候，勋章也就被认为是诚实的信号[12]。

六、性魅力虚假宣传

然而并不是所有的信号都真实可靠，生物们总是能找到各种方法制造一个假信号。如果生产假信号的成本低于用假信号去骗其他个体获得的收益，则欺骗行为可以稳定存在。在动物世界，作弊行为广泛地存在于生活的各个方面。

流星锤蛛以蛾子为食，织好一张网守株待兔效率太低，于是它们费尽心思，模拟出一种气味，让蛾子自投罗网。这种气味模拟的是雌性的性外激素，雄蛾子对雌蛾子的性外激素十分敏感，一旦闻到雌性的踪迹，就会奋不顾身地跑过去求偶。流星锤蛛释放的气味让雄蛾子误以为有异性在那边，主动靠近。所以这种蜘蛛几乎吃到的全是雄性蛾子[13]。

除了种间作弊，更多的作弊方式实际发生在种内。动物界中，叫声是传递信号的一种方式，谁来叫、怎么叫都有讲究。危险来临，群体中的一些成员需要及时提醒大家保持警惕，但叫声会暴露自己的位置，使自己成为捕食者的目标。有研究认为，发出叫声的个体是为了族群的生存甘愿牺牲自己[14]。也有研究认为，权力越大，责任越大，领袖承担了风险，保护了族群。原鸡中地位高的阿尔法鸡，比其他雄性更加警觉，发出警报的次数更多，也拥有交配上的绝对优势。将一只贝塔鸡变成阿尔法鸡（比如移除群体里的阿尔法鸡），他的叫声会显著增多[15]。而研究人员发现，发出空中警报的次数和交配频率显著相关，为了群体安危主动承担一部分风险的公鸡，在母鸡眼里也别有魅力[16]。

但如此一来又有鸡要钻空子了，平安无事的时候也要叫两嗓子，反正没有捕食者，叫了也没事。研究人员曾经发现一只地位低下的公鸡曾在打盹的时候眯着眼睛发出了警报。但一天到晚喊狼来了，总有一天要被阿尔法鸡打，因此这类公鸡觉得还是欺负母鸡比较划算。正式的求偶过程中，公鸡需要给母鸡准备小零食，口含着零食发出叫声或者用喙衔着食物在地上摩擦。找不到对象的单身抠门鸡则会含一个小树枝，发出类似叫声吸引雌性。

蜘蛛也惯用此伎俩。求偶时，雄蜘蛛需要进贡给雌性一个有营养的彩礼，通常是被厚厚的蛛丝包裹着的食物。在雌性费尽力气打开包裹的同时，雄蜘蛛跳上雌蜘蛛的背，卖力地开始交配。

“礼物好难拆啊！”——雄蜘蛛趁“女友”拆礼物时行不轨之事。

交配时长和礼物大小正相关。如果雌性吃完了，就会一脚把雄性踹下来。交配时间越长，传递的精子越多，越可能成功受精。于是，心怀不轨的雄蜘蛛把包装做得愈发精美，一时半会儿打不开。更有甚者，会在里面包上假猎物，如树枝，欺骗雌性，等雌性发现的时候，雄性早就逃之夭夭了[17]。

鱼类由于是体外受精，两性生殖代价差异不大，因此实现了相当的两性平等。有些雄鱼有育雏、护仔的本领，当鱼宝宝离巢过远时，鱼爸爸会耐心地把孩子引回家。南美的一些雄鱼会把受精卵含在嘴里或者鳃里进行孵化。所以在鱼类中，雌鱼很看重雄鱼的责任感，偏爱有护卵习性的雄鱼，因此更喜欢和身边有鱼卵的雄性交配。知道了选择标准，就知道了该怎么钻空子，有一些雄鱼，比如雄性扇鳍镖鲈，明明不顾家，但又想装出好爸爸的样子，便在鱼鳍上演化出了卵形斑点，远远望去就像超级奶爸[18]。

那如果没有演化出伪装成卵的图案，就没有办法欺骗雌性了吗？当然不是。雄性三棘刺鱼为了伪装成奶爸，甚至会悄悄溜进邻居新婚夫妇的卧室，趁他们不注意，偷一兜受精卵回家。他可不是什么深情奶爸，一心给别人养孩子，他只是为了一己私利，导致别人骨肉分离。雄性的窝里鱼卵数量越多，对异性的吸引力越大。情场受挫的雄性为了伪装成一个好爸爸，制造了儿孙满堂的假象[19]。这些偷来的鱼卵被利用完之后，还可能葬身假奶爸的腹中。

传统信号成本低廉，一旦作弊成功，好处多多，因而作弊现象层出不穷。上文说到公鸡喜欢鸣叫，其实公鹿也喜欢低吼。低吼的时间越长，母鹿就认为对方的质量越好。这是因为一来，低吼时间长可以证明体力好，平时估计不常饿肚子。二来，叫声会暴露自己，引来捕食者，能活下来，说明这头公鹿跑得快。然而，低吼并不是一个完全诚实的信号。首先，根据低吼时间进行质量推断只是假说，并非充分实证过的结论。第二，哪怕有实证结论支持，这也仅仅是粗糙的统计学推论，只能得到大致趋势。毕竟，具体到某一次邂逅中，低吼是否有被捕食的成本就不得而知了，毕竟吼叫是自主可控、灵活多变的行为。

假设一只公鹿的质量并不好，打架几乎从来不会赢，但是特别知道什么时候可以低吼，什么时候不可以。在危机四伏的区域，他会优先保命，不逞强，而在空旷安全的地方，在四下无竞争对手的地方，则不吝一展歌喉。雌性听到优雅绵长的吼叫声，不免春心荡漾，误以为他是一只质量颇高的雄性，便答应了他的求欢。所以这只雄性虽然平均低吼时间短，但在特定区域单次低吼时间长，总能骗到一些雌性。

那其他雄性不来检举他作弊吗？如果大家来自同一个群体，自小知根知底，那么他的假信号很快就会被发现。长期观测下，作弊非常困难。但如果大家从未见过面，那么别的雄性一见他低吼功夫如此了得，也不敢贸然挑衅，说不准暴力冲突之后谁会更吃亏。如果作弊雄性遇到一个愣头青，非要打一架，那么大不了不吼了直接跑路。骗子鹿在群体中比例很低时，大家压根不会去想他是个骗子，于是谁也不敢上去打架。可一旦骗子的比例升高，总会有一些不怕死的鹿上前挑战，一上战场高下立现。大家幡然醒悟，我们之中有骗子，于是见到很能吼的内心也不发怵。这样骗子被发现的概率就提高了。但光发现骗子不够，还需要惩罚骗子，否则对骗子而言，伪装成功有好处，伪装失败没坏处，为了取得最大收益，不如都去作弊。全民作弊时，信号就失去了鉴定质量的能力，参考者就会被迫选择其他的信号辨别异性质量[20]。

从雌性视角来看，根据经验，低吼时间长短确实是一个判断雄性质量的好标准。如果群体中作弊的雄性少，雌性遇到十个喜欢低吼的雄性，可能八个都是质量好的，那么这个评判标准的正确率就很高，筛选成本也很低。对于那两个伪装强大的雄性，的确也可以获得本不拥有的交配机会。从其他雄性的视角来看，如果群体中作弊的雄性很少，那么看到一个会低吼的雄性，还是不要招惹的好，万一对方是货真价实的，免不了一通打。但如果群体中作弊的雄性多，雌性就可能因为被骗而付出极大的代价，而作弊的雄性哪怕被诚实的雄性教训了，仍旧可以换一个地方继续行骗。

作弊为何屡禁不止？因为动物（包括人类）很少采用成本高昂的信号。代价很大的信号包括以死明志，像早期基督教的传教者大量殉道，殉道是虔诚的一个诚实信号，但代价是生命。随着基督教地位上升，信教几乎没有代价，好处却很可观，腐败自然就出现了。传统信号的缺点在于，观察者很难去检验每一个个体，因此观察者通常是进行抽检，而非每一个都检查，否则对于观察者而言成本太高。只要是抽检，就一定会有浑水摸鱼的情况。

第二章 窃听风云

LOVE AND SEX in THE ANIMAL KINGDOM

一、无孔不入的窃听者

有些真实的信号里穿插着谎言，有些真实的信号则希望把自己掩藏起来。一个合格的研究者不仅要学会从虚实相生的现象里找到诚实的信号，还要能掘地三尺，找到生物不想让我们知道的真相。

只有人类会担心自己的通话录音、历史消息和购买记录被人窃取吗？当然不是。信息安全问题长期困扰着所有诚实守信的生物们。毕竟是生物就需要交流，交流就要传递信息，在传递的过程中，信息就有可能被窃取和破译。有人靠窃听、偷看发家致富，儿孙满堂，有人靠窃听、偷看杀人于无形。窃听者无孔不入，信息一旦传递，被谁接收就不受发送者的掌控了。

生物世界窃听现象的普遍性，远远超出你的想象，甚至连一些植物都会窃听。

实验人员发现，烟草植物可以破译它的邻居——山艾树间的对话[21]。山艾树遭受物理损伤时，尤其是植食性动物把它们啃了一口时，会发出受伤害的信息素。这种信息素通过空气传播，山艾树的邻居烟草就能窃取这个信号，强化自我保护。实验人员剪掉山艾树树枝，以模拟山艾树被啃，烟草便紧接着在叶片中产生了更多的防御素。实际上，虫害并没有发生，烟草白白在防御系统中消耗了更多能量，导致它们在冬天更容易受到霜冻的打击。这个实验里的窃听者只是增加了自我防守，并没有损害山艾树，但在自然界，还有更多窃听行为直接损害了被窃听者的利益。

蝙蝠能发出超声波定位猎物。很多动物不具备接收超声波的能力，所以蝙蝠不用太担心自己被捕食者窃听。然而，同一物种的种内竞争往往最为激烈，因为大家爱吃的东西一样，爱住的房子一样，对配偶的需求一样。物质有限，为了活下去，蝙蝠把黑手伸向了同胞[22]。有同胞的地方就有肉吃。蝙蝠发现，如果同类在某一个地方聚集，那它们要么在吃饭、睡觉，要么在交配。去抢同胞有时比自己苦苦寻觅容易得多，所以一些落单的蝙蝠会通过窃听声呐信号接近并加入其他蝙蝠群。也正因如此，相比漂泊无依的蝙蝠种类，有固定住所的蝙蝠更注重信息安全，防止被同类破译。

雄性泡蟾有色彩斑斓的喉囊，喉囊可以储存气体，帮助其发出聒噪的求偶叫声。喉囊舒张之间，会在水面产生波纹，水纹也能吸引雌性。但缝唇蝠识破了这个招数，会寻着水波找到雄性泡蟾[23]。为了交配丧命的雄性动物不计其数，活着和交配是两项冲突的生命活动。尽管形势如此严峻，但雄性动物们依旧迎难而上，也许，从另一个角度看，雄性活着可能就是为了求偶。

生殖方面的信息窃取主要有三个方向。

第一，雌性窃听、偷看雌性，跟风择偶。对找老公没有经验的年轻雌性，经常会偷看经验丰富的雌性（比如年长的雌性）挑选什么样的雄性，然后跟在后面也和这个雄性交配。

第二，雌性窃听、偷看雄性。年轻的雌性成长了，很快发现听妈妈的话不总是对的，还是要用自己的脑袋去判断。最简单最准确的判断就是谁的武力值更高。虽然暴力不创造财富，但如果没有暴力，创造的财富就可能被抢走。雌性可以偷看两个雄性打架，在充分保存自身的前提下拥有准确的配偶质量信息。

第三，雄性窃听、偷看雄性。争夺配偶过程中，雄性打架非常常见，然而打架的代价太高，一不小心就挂了。从打架开始到打架结束，胜负会逐渐明晰，输家越早认输，自己受到的伤害越小。经验丰富的雄性甚至不需要开打，就知道对方实力是否在自己之上。如果是的话，赶紧握手言和，把雌性拱手相让，自己再去寻找新战场。年轻的雄性总以为自己会赢，打架没有分寸，最后折戟沙场。而偷看其他雄性打架可以毫无代价地知道对方的实力，如果对方很强，则走为上计，如果对方很弱，就一招制敌。看得多了，才能更好地认识自己。

为什么没有第四点，雄性窃听雌性呢？因为雄性看到雌性就立马上去追求，根本耐不住性子偷听。

二、跟风择偶

什么是跟风择偶？就是不去“理性”判断异性的质量好不好，而是不加思考，人云亦云。如果看到异性和别人交配，那说明它质量好，所以其他同性才要跟它交配。那么我也应该和它交配。跟风择偶有一定适应性意义，通常在自己不知道怎么选择却又不得不做出选择的时候，与其瞎选，不如借鉴一下别人的选择。万一别人的选择是经过深思熟虑的呢？设想我们在一个陌生的地方吃饭，挑选餐厅的学问可就大了，但最简单、最常用的方法还是看哪家人多。我们倾向于认为，需要排队一小时吃饭的地方一定物美价廉。挑选配偶也是这样。雌性倾向于认为，其他雌性又不是傻子，选了这个雄性说明他一定有什么过人之处，跟着她们选也错不到哪里去。但是跟风做决策也难免会翻车，就像自己不会做题，于是随便抄了一个人的卷子，结果发现对方其实也不会做这道题。

研究人员通过人为操纵雄性的异性缘，让雌性对两组差不多的雄性产生了显著不同的偏好。实验人员把两条身长、花色相似的孔雀鱼放在透明水族箱中隔开的两个单间里，然后让一条雌性作为“托儿”，靠近其中一个单间，假装是被该雄性吸引。雄性对她展开热烈追求，她也配合着雄性跳舞。另一条实验雌性透过玻璃，目睹了两鱼交欢的一切，对那条雄性产生了不可名状的微妙情感。接着移除托儿，让实验雌性自由地从这两条雄性中选一个交配，20 次实验中有 17 次雌性选择了刚刚交配过的雄性。为了排除干扰，比如某些雄性可能天生更招异性青睐，实验人员让托儿配合另一只雄性也演了一次戏，产生了类似的结果[24]。

雌性对雄性的偏爱可能会受到其他雌性的影响，即使她们已经有了心仪的对象，也可能改弦更张。将两只雄性孔雀鱼放在水族箱里，让实验雌性自由选择一个配偶。选好后，一肚子坏水的研究人员分开了这对热恋中的情侣，把一个托儿放到了刚才没被选中的雄性身边。实验雌性在一旁默默观看，她怀疑刚才自己选错了配偶，也许现在这个正在和别人卿卿我我的雄性质量更高。实验人员移除托儿，给实验雌性最后一次机会选择伴侣。果然，爱情经不起考验，实验雌性的变心比例与对照实验相比出现了显著升高。为了避免雌性动物对配偶的兴趣随着交配次数而下降（即喜新厌旧的“柯立芝效应”）所带来的影响，对照实验在没有托儿的情况下重复测试了实验雌性的偏爱，发现她还是喜欢第一次就看上的雄性[25]。

年轻的雌性会模仿年长雌性的选择，反之则不然。实验人员改进了本节讲到的第一个实验，结果发现，当托儿是年长雌性，实验对象是年轻雌性时，年轻的雌性会模仿年长雌性的选择。但当托儿是年轻雌性，实验对象是年长雌性时，年长的雌性并不会被迷惑，选择结果和对照实验（即在没有托儿的情况下自由选择）没有显著差别[26]。这可能是因为只有年轻的个体会经常向年长的个体学习。

三、偷窥香艳场面

虽然观看交配场景可能并不能得到太多有用信息，但生物对观看香艳场景有着无尽的兴趣。一方面，观看本身可能会带来性刺激，为那些性经历不多的雄性提供了另一条产生性愉悦的途径。另一方面，从观看中也可以学到一些交配技能。

我在做实验的时候，发现一旦有一个鸡舍的鸡在交配，周围三个侧面鸡笼里的公鸡都会挤破头观看。吃饭的、喝水的、打架的、睡觉的，统统放下手中的活，围在铁丝笼前，甚至不惜为了抢占最佳观测位置大打出手。为了保护实验鸡的隐私，我在笼子的三个侧面围了一张深绿色的网子，遮住那群喜欢看交配现场的公鸡的眼睛。然而，有公鸡竟然缩着身子从网下面的缝隙钻了出来，夹在网和铁丝中间津津有味地看，有的公鸡飞到稍远的树枝上，抻着脖子看，还有的公鸡踮着脚站在高处看。

原先我以为这只是公鸡的恶趣味，没有想到的是，母鸡也热衷于此。母鸡会啄烂边缘的网，再把小脑袋塞进来，侧着一只眼聚精会神地看着。要知道，绝大多数交配都是强迫性行为，母鸡通常很厌恶交配发生在自己身上，对公鸡往往避之不及，可为什么对于观看其他鸡交配却兴致盎然呢?

热爱偷看的动物，并不只有鸡。演化生物学倾向于给所有动物行为一个合理的解释：偷窥，是为了学习。最简单的例子，莫过于不谙情事的熊猫通过看“熊猫 A 片”学习“啪啪啪”的技巧。如果年

一个鸡舍的鸡在交配，周围
三个侧面鸡笼里的公鸡都会挤破头观看。

轻动物不靠偷窥长辈，你以为它们是怎么学会传宗接代的？新闻都报道过，发情期大熊猫拒绝交配，看完“熊猫A片”后首获爱爱。

尽管如此，学者仍然无法解释为什么经验丰富的动物依然热衷于偷窥。他们提出了很多假说，但没有一种可以被完全证实。有研究发现，也许对雄性偷窥者而言，观看别人“啪啪啪”可以得到雌性是否处于排卵期的准确信息。

我们那不太近的近亲——地中海猕猴习惯在交配时发出叫声。于是，研究人员有了这样一个假设，雌性在交配的过程中喊叫说明她正在排卵期。然而通过测量雌性荷尔蒙水平，他们发现这二者并无关系，但是他们通过分析雌性叫声的频率和间隔，却发现这与雄性是否射精有关。雄性射精后，雌性的叫声是不同的，如果雌性的叫声没有变化，这也许就给了群体中的其他雄性一个信号，即虽然该雌性交配了，但是该雄性并未射精，因此精子竞争风险小，其他的雄性如有意，倒是可以追求一番的。然而，由于研究人员并不能操纵雌性的叫声或是雄性的射精情况，因而也无法确认究竟是雌性不同的叫声导致了雄性射精的差异，还是雄性射精的情况导致了雌性声音的变化[27]。

另一项研究也找出了叫声和射精之间的联系。研究人员通过观察雄性的肢体动作远程判断其是否射精，并将射精情况和雌性的叫声联系在一起。他们发现，如果雌性不叫，那么雄性只有1.8%的概率射精；如果雌性叫了，则雄性射精的概率高达59%[28]。

研究者就此提出了两种假说。第一种假说是，雌性是叫给配偶听的，叫了之后配偶更可能射精，从而达成交配的最终目的。然而，已有的实验只能证实二者相关，却无法确证因果。第二种假说是，在一个没有隐私的世界里，雌性是叫给围观雄性听的。多个实验证明，雌性的叫声的确可以激发雄性的性欲。

实验人员把雌猴的叫声录下来，然后把雌性随机分为两组，一组背景音乐是叫声，另一组背景音乐是杂音。观察发现，叫声组的雌性和数量更多的雄性发生了关系，交配间隔也更短。通过短时间和多个雄性交配，雌性得以触发精子竞争，有助于筛选出质量更高的精子[29]。

可是，围观的雄性为什么管不住自己的眼睛和耳朵，偏偏要被利用？

答案似乎可以理解为，这是一个双向利用的过程。雄性会根据雌性的交配历史，调整自己的交配策略，掌握的信息越多，做出的判断越准确。通常，如果雌性可能已经交配过，那么为了让自己受精成功的概率增大，雄性必须要增加射精量。但如果雌性已经接受了很多雄性的精子，那么自己一厢情愿地增加射精量未必会取得期待的效果，这时候雄性就会抠门很多[30]。

那么，围观的雌性可以从香艳场景中得到什么呢？

四、为什么要偷窥？

也许对雌性而言，偷窥别人交配可以知道这个雄性质量好不好。有的雄性健康状况堪忧，根本无力完成交配过程，雌性偷窥者就可以排除他了。有的雄性对雌性十分凶残，雌性偷窥者就可以远离他。如果雌性主动对雄性求欢，那么该雄性很可能有一技之长，可以考虑考虑。

雄性偷窥别人交配固然有一部分生理因素，不过还有一点很重要，那就是通过和别人比较才能认识自己。为什么别人能找到对象我不行？我可以从他身上学到什么？今后相遇，我该战斗还是逃跑？

在上一节描述的实验情景中，公鸡和母鸡都争相围观交配的香艳场景就是一个例证。不过，自然条件下，公鸡其实不会偷窥其他鸡交配，而是直接冲上去把情侣拆散，趁机和雌性交配，如果被暴打一顿，就赶紧逃跑。因为被偷窥的雄性赶走了入侵者后还要和雌性温存，所以大概率不会追上来打。

在更多的情况下，性选择的双方更喜欢偷窥的场景，是两个雄性打架。

雄性鱼类便是如此。知悉谁是强者谁是弱者，才能更准确地恃强凌弱。形成一个社会的关键在于明确阶级，这样资源分配的矛盾更少。社交能力的一大体现就是找准定位，去干这个位置该干的事情。偷听得多了，对自我的判断也更准确一些。

这种偷窥并不限于“高级”的脊椎动物，科学家发现，连克氏原螯虾也可以从纷扰的环境中提取出对自己有用的讯息。

一般情况下，雌性小龙虾并不能一眼看出雄性小龙虾的质量好坏，简直是闭着眼睛挑选老公。但是，如果让她们有机会偷窥两个雄性打架，她们大概率会选择获胜的一方[31]。同样的情况在鱼类中也有发生[32]。

比武招亲是众多生物采用的挑选夫婿的好方法，有的雌性甚至会故意激起两个雄性为爱决斗。乍一看，这种策略无本万利。如果一个雄性战胜了另一方，雌性就挑选出了好基因，如果两方都战死了，雌性离开寻找下一个对象就可以了。

然而，雌性对雄性的摆布并不总是能如愿。如果两个雄性联合起来，这个雌性就遭殃了。还有些雄性一旦看到雌性在旁边，连打架都不顾了，屁颠屁颠跑来示好，雌性就得不到想要的结果了。

暴力是对抗的最后一步。如果有可能，雄性会采取更温和的方式，比如斗歌。雄性大山雀主要靠唱歌吸引配偶，歌唱比赛的规则是，两个雄性唱歌，声音能盖过对方的获胜。

研究人员把一片林子里的鸟家庭分为两组，他们给一组雄性放录音，录音的声音总是盖过雄性，显示录音是赢家，雄性是输家。另一组刚好相反，雄性一唱歌，录音就卡带，录音只敢在雄性短暂休息的时候唱两句，显示录音是输家，雄性是赢家。

其实两组雄性的唱歌质量并无差异，效果全是人为操纵。雄性的配偶们偷窥了这一切，然后万恶的研究人员就开始分析配偶们的出轨概率，并喜大普奔地发现，以为老公是输家的配偶更容易出轨，她们的主要出轨对象是赢了的雄性邻居[33]。

没有对比，就没有伤害。

有的动物被偷窥者发现后，还会反侦察。在一个实验里，雄鱼同时有两条雌鱼可以选择，他总是偏爱其中一条。接着，实验人员放进了另外一条雄鱼做观众，原先的雄鱼却更多地游向了他不喜欢的那条雌鱼，做错误的诱导[34]。

为了迷惑敌人，他假装和不喜欢的雌性调情，防止对手看出自己真正喜欢的是谁，以便暗度陈仓，转移火力[35]。就像发现有人在抄你的试卷，你不但不遮起来，反而写了错误答案大方地给别人抄。

有实验进一步指出，附近的潜在偷窥者越多，雄性越容易给出假信号，而且反侦察能力貌似和性格有关，胆大的雄性更会骗人[36]。

这何止是窃听风云，简直就是演艺圈风云。

第三章

正义与宏观规则

LOVE AND SEX *in* THE ANIMAL KINGDOM

一、森严的社会等级

窥探与作弊行为对被观测者的伤害轻则隐私泄露，重则丧命。所以，一个理想的社会应该禁止作弊，每个个体凭借自己的诚实劳动获得应有的收益。但在乱象丛生的社会建立规则从来都不是一件容易的事情，因而几乎所有的社会性动物都会建立社会等级制度。

本人的研究对象是原鸡，它们是家养鸡的祖先。原鸡有严格的线性啄序。线性啄序指的是群体中的鸡都有自己的排位，老大高于其他所有鸡，老二高于除了老大之外的所有鸡。依此类推，直到地位最低的鸡。地位高的鸡可以优先占有资源，操纵地位低的鸡的生活。啄序最初是用来描述母鸡的，后来人们发现公鸡也有这样的地位排序[37]。从原鸡的一生，可以窥见性选择的残酷。

20只两岁的年轻公鸡正式戴上脚环，自此拥有了独立的身份。他们即将被送往险恶的江湖、闭塞的男子监狱，在此之前，他们闲适地在单独的小牢房生活了两年。虽说鸡仔也分阶级，但年小力弱并不能造成恶劣结果。况且阶级一旦确立，武力事件便渐少发生，除非有谁妄想提升阶级。可惜小霸王的日子到头了，大型男子监狱有50只老鸡等待着他们，其中最年长的已有11岁，经历了无数次政权交替。这绝不仅仅因为他运气好，也必定不是他的体力过人，而是因为熟谙“鸡情世故”，无论世道如何变迁，风水如何轮转，都能化险为夷。

可年轻鸡不懂分寸啊。

年轻鸡不明白新人就该低头，你和老鸡抢位置，你升一等，别人便要降一等，你做老大，所有老鸡都降一等。侵犯多数人利益的结果就是——老鸡联合起来弄死新来的。

20只年轻鸡中有5只丢了眼睛。老鸡们知道自己体力一日不如一日，新鸡若不能为我所用，他日必为我害。独眼鸡永远做不成头鸡。那些不知天高地厚的后生们尽管体力上占了优势，却被精于算计的老鸡先发制人，粉碎了日后称王的希望。

一周后，一只年轻的公鸡被撕去整个鸡冠后顽强地活了下来。它像一个秃顶的老头，不仅在母鸡面前没有半点吸引力，连我看了都无法忍住不笑。古代斗鸡需要移去鸡冠和肉垂，防止这些血管丰富的器官被敌人攻击大出血而死。年轻的公鸡虽然毁容了，但是也封闭了阿喀琉斯之踵。对大部分公鸡而言，一生中没有几次机会可以接触母鸡，就算有，他们也等不及色诱母鸡，试图强行交配。

但不是所有公鸡都这么幸运，能够幸存，另一只年轻的公鸡几乎被迫绝食而死。他得罪了头鸡，头鸡率领着一帮跟班禁止年轻鸡吃饭喝水。他被发现的时候已经奄奄一息，吃不了东西就没力气打架，没力气打架就更吃不了东西。他又没有个两肋插刀的朋友，谁能冒着惹祸上身的危险雪中送炭呢？鸡，不落井下石就算得上高尚了。饲养员把他送到特护鸡舍养了几天，最终还是死了。

弱一定会死，强却未必能寿终正寝。大型监狱是中年鸡的主场，鸡若年老还不愿意退位，便会被篡权者打死。倘若头鸡有几个忠实的属下，或可以撑得久一些；若没有，以一敌百也活不下来。没有集权制度做支持，头鸡的尊贵地位转瞬即逝。一只曾经的头鸡脑袋上被啄了一个大窟窿，孤独地倒在血泊中。其余的鸡不论老小，皆上前吞食了一些羽毛。他们不会放过任何一个欺负同类的机会，哪怕是一只死鸡。

年轻鸡多半性格偏执。公鸡 M4 格外好斗，他一身短毛，因为羽毛被围追堵截的各路公鸡吃得差不多了。他浑身肮脏，因为别的鸡不让他洗澡。在沙石地里打滚可以清洁羽毛，是鸡的重要休闲方式之一。有一些霸王鸡专以打断别人洗澡为乐。M4 在沦落至此之前，草木皆兵，逢鸡便打，殊不知自己再怎么厉害也抵不过群殴，打不过只能飞到树枝上，不敢下来吃东西。老鸡们把守了食物和水源，新鸡不听话就饿着。我想帮他一把，把他纳入了我的实验。实验安排是两只鸡共用一个鸡舍。他打起架来不要命。另一只鸡 M19 根本不是他的对手，恨不得钻到地缝里躲避他的攻击，惶惶不可终日。M4 享有一切优先权，当年那些老鸡怎么对他的，他加倍算到了 M19 身上。他阻止 M19 吃饭喝水，一圈又一圈追着他跑，连根拔起他的羽毛，啄破他的肛门。我们解救了 M19，换进去一只中年鸡 J8。年轻气盛的 M4 故技重施，不给 J8 一刻安宁。第二天，他便偷袭啄瞎了J8的眼睛。我们终止了实验。M4 被送回了大型男子监狱，立时便有数十只公鸡阵势浩大地追在他后面撕咬。

年轻鸡 M21 也格外好斗，我明白胆小活不下去，一切都是为了自保。但他怼天怼地怼人类，这就罪无可恕了。好几次，他用尽全身力气朝我小腿冲来，小小的身体创造出那么大的力气真是令人吃惊。他颤颤巍巍地立住，回头得意地看着我。他也这样攻击饲养员，也许攻击人类可以提升自己的阶级地位，也许他是被狡诈的老鸡教唆，也许是性格使然。出于伦理规范，人不会还手。虽然他的小算盘打得很好，但人类可以杀了他。最终出于无奈，导师在他的名字后面画了一个圈，袭击人类，秋后处斩。

不是所有的新鸡下场都这么悲惨。一只新鸡 M17 顶着大朵鲜艳的鸡冠，上面没有黑点。黑点是打斗的痕迹。两鸡相斗首先互啄鸡冠，伤口结痂后会变黑。而 M17 的鸡冠是完好的。老鸡怎么会允许年轻帅鸡存在，既没有啄瞎他的眼睛，也没有撕扯他的羽毛，咬烂他的鸡冠。中年鸡憎恨小鲜肉强壮的体魄，即使你不招惹他，光凭你帅这一点，他就有理由来找你的碴。M17 的地位还不低，他甚至可以欺负一些软弱的老鸡，这就更奇怪了。大家都伤痕累累，他怎么能独善其身？也许是圆滑的处世技巧使其免受攻击？他是一个谜，可能拥有打娘胎里带来的“鸡情世故”。

K48是容纳了10只鸡的小鸡舍中的头鸡，过着呼风唤雨的生活。因为实验，我们将他单独关了一段时间，实验结束便把他送回原来的鸡舍。由于程序上的失误，我们将他投入了陌生的鸡舍。只身闯匪窝，他还以为自己是老大。K48主动挑战新鸡舍里的头鸡，不一会儿就把他制服了，接着又打老二、老三，车轮战单挑了所有的鸡，他都赢了。可结果并不是他坐上第一把交椅，原来的老大老二联合起来猛攻K48，他腹背受敌。其余的小喽啰也动不动进来掺和一脚，一来他们可以媚上，二来鸡天生就是要啄别的鸡。K48不敌群殴，落魄地躲避到树枝上，饿了几天，所幸被我们发现，送回原来的鸡舍了。

前文所说的瞎了一只眼的J8被送入特护鸡舍，里面都是没有力气打架的老弱病残。谁知刚放进去几个小时，就发现J8倒栽葱摔在地上，两脚朝天，我们以为他死了，但幸好解救及时。原来他从树枝上飞下来的时候脚缠进了装生菜的网兜，于是脑袋着地，脚悬空。我们怀疑有鸡故意逼他飞离树枝，慌忙之中他犯了这个错误。我们检查他的健康时发现，他的肛门全是血。这些病鸡趁他无法反抗的时候啄破了他的肛门。欺负别人使他们快乐，尽管被欺负使他们痛苦。他们不欺负别的鸡不是因为心善，只是因为没机会。

在鸡中，同性性行为绝不罕见，尤其是公鸡。这些同性性行为也与建立等级有关。在一般的交配过程中公鸡会先咬住母鸡的鸡冠，再跳到背上，最后压下尾巴。同性之间咬鸡冠通常是明显的攻击行为。如果是面对面咬住鸡冠，多半是打斗，如果是从后面追着咬就难说了，而如果公鸡咬住另一只公鸡的鸡冠，并且双脚踩在他背上，就有很明显的性意味了。但交配的正式过程很难实现，因为身下惊慌的公鸡会不惜一切代价摔掉身上的公鸡，背上那只难以保持平衡。成功的情况也有，一次我们发现事毕后，下位的公鸡羽毛上洒满了精液。有一些公鸡更容易被上，比如L37，一只中年公鸡，在大型监狱里，仅我目击，他就被上了两次。可惜的是，后来他的喙受了重伤，被判处安乐死了。如果说这些同性性行为是因为群体中没有母鸡，所以公鸡退而求其次，那么说不通的是，为什么公鸡在有母鸡的时候也经常会发生同性性行为？同样说不通的是，为什么母鸡也会有类似行为？也许性行为的目的不仅是繁衍后代，也是情感交流，以及征服。

母鸡也有等级，等级也是打出来的，倘若地位低的鸡敢抢先吃东西，便会被地位高的母鸡啄一顿。母鸡特别喜欢吃鸡蛋，乍一听觉得违反常识，但鸡蛋富含蛋白质，她们多吃鸡蛋有助于多下蛋。最开始的吃蛋行为可能源于蛋意外破了之后的废物利用。一旦母鸡知道蛋很好吃，便会主动啄碎鸡蛋，但当然不是自己的蛋。母鸡下蛋之后会在方圆几十厘米转悠，一旦有其他母鸡意图不轨就冲上去吓退入侵者。地位低的鸡不敢啄头鸡的蛋，头鸡却可以自由地啄所有鸡的蛋。有一只母鸡蹲在自己的蛋旁边，头鸡威武地走过来，重重地啄了她的脑袋，她害怕地逃走了，眼看着头鸡将鸡蛋一啄致命，流动的蛋液从破碎的蛋壳里哗哗地流出来，其余母鸡一拥而上，不到一分钟，一只蛋就被吃光了。

弱者们之间并不相互同情，有时还会叠加上性别的暴力。H28 是独眼公鸡，和另外九只公鸡同处一室，他的地位最低，所有的鸡不高兴了都可以来啄他。我曾两次看到头鸡满场追着 H28 跑，上天入地都不放过他，他只能全天待在斜靠墙壁的栅栏上。这里是最不舒服的所在，只有宽 5 厘米、长 50 厘米的区域可以活动，站在这里需要花一番功夫保持平衡。但好处是，那里不适合打架，容易掉下来，是暂时的平安之所。我和我的暑期学生做行为观测的时候，发现 H28 对人类极尽谄媚，毫不逃避人类的抚摸，也自得其乐地站在人类的大腿上。我们同情他是弱者，不想看着他受欺负，于是把他加入一组实验。每只公鸡有单人房，没人可以欺负他们，定期还有母鸡上门服务。他的丑陋面目展现出来了，在独自面对毫无反抗能力的母鸡时，H28 极端残暴。他拔去母鸡新生的羽毛，撕扯母鸡背部裸露的皮肤，咬去母鸡的鸡冠。母鸡鲜血淋漓，他享受着母鸡惊恐的嘶叫。我们不得不多次中断实验。欺负别的同类是鸡的天性，暴力写在他们基因里，他们总要找一个地方发泄出来。

原鸡绝大多数性行为都是强奸。我们做的是交配实验，母鸡见我们如见瘟神，公鸡见我们如见财神。年轻的母鸡 M43 一开始见人就咬，但中年母鸡见过的世面多，知道反抗无效，并不过多挣扎，实验做完她们会得到应有的奖励“虫子大餐”。公鸡也是用虫子利诱母鸡交配的。M43参与实验已经20天了，她放弃了挣扎。贞节烈鸡终究抵御不过生活的碾压。

年轻鸡偏执，老年鸡中庸，到底是我们终会被生活磨平棱角，还是不屈服的都死于非命？

规则如果过界，是否就成为压制？强者不受约束，是否会产生新的不公？

二、强者制定的规则

演化常常意味着强者制定规则，而且他们总能圆融地解释为什么应该如此这般。两个雄性打架，战胜者会说，我们的规则就是男子气概，谁更孔武有力，谁就可以抱得美人归。战败者争辩说，这规则太不公平，我不擅长打架，但是跑得很快，要不我们比赛跑。战胜者才不听他分说，立即把他撵走，战败者的特长则在逃跑这一情景下发挥得淋漓尽致。

学界虽早已不认为进化有方向之分，对“Evolution”的翻译也由进化改成演化，但由于“进化”这一翻译已深入人心，所以本书有时也会使用“进化”一词。说到演化，就不得不提达尔文。很多生物中，雌性是被雄性追求的对象。达尔文提出的性选择可分为两个方面，同性竞争和雌性选择。

同性竞争与打斗能力直接相关，雄性天生好斗，尤其在发情期，时刻欲置对手于死地。自然选择赢的是江山，性选择赢的是美人，没有美人就没有后代，那么赢得的江山该传给谁呢？性选择对于雄性是残忍的，因为它的作用就是筛选最好的雄性，一小部分雄性占有了多数的卵子，其余大都成了炮灰。输，就没有交配权，故雄性不惜以性命为代价竞争。

雄性的武器在同性竞争中显得尤为重要，许多雄鸡脚上拥有锐利的距，是打斗中的致命武器。斯氏原鸡以超强的战斗力著名，角斗会持续到一方战死。另一种好斗的印度石鸡，成年雄性的胸脯上常常伤痕累累。距不仅可以打败对手，还可以保护配偶、孩子不受伤害。据记载，一只骁勇的雄鸡曾一脚踢穿了一只妄图袭击小鸡的鸢的头骨。

蜂鸟在争夺配偶的过程中显示出了和小巧身材不相符的凶残，两只雄性蜂鸟空中相遇必有一场恶战，他们咬住对方的喙不放，因受力不均而在空中来回旋转，战斗结果多半是其中一只的舌头被撕裂，痛苦地死于无法进食。

为了争夺配偶，雄蝴蝶也毫不手软，愤怒的雄蝴蝶围着彼此转圈，即使翅膀在打斗过程中撕裂也在所不惜。蜥蜴的战争通常以一方尾巴断裂而结束，胜利者会把失败者的尾巴吃掉。

直接的身体对抗并不是每次都有，社会性生物拥有社会等级制度，会分配生殖资源。1922 年，科学家首次提出了社会支配制度的概念，根据社会支配制度[38, 39]，排名最末的雄性只能吃别人的残羹剩饭，看着异性和老大哥缠绵自己却心有余而力不足。虽然处处受欺压，但生活在群体之中也比作为个体单打独斗强。一个人在野外游荡，很可能被天敌盯上，结局多半是挂了，而一群动物在野外游荡，遇到敌人通常只会损失几个成员，大部分成员可以幸存。群体聚集可以降低个体被捕食的概率[40]。有社会动物的地方就有江湖，既然选择了做社会动物，就要有做不成统治者必沦为被统治者的觉悟。

许多生物中，雌性会偏爱社会地位高的雄性，雌性辛辛苦苦挑来拣去就是为了给娃找一个好爹，而头号雄性拥有的社会资源最多，自身的遗传物质也可能更好。在强奸行为普遍的物种中，雌性的这种偏好更明显，因为社会地位高的雄性能提供更好的保护，降低雌性被性骚扰的概率。但是如果该雄性后宫中已经有很多雌性了，雌性就会转而考虑下一个地位还比较高又比较专一的雄性。因为有限的社会资源要和那么多雌性一起分享，万一雄性无法做到雨露均沾，那自己能不能怀孕都成问题。

灵长类动物中，生活在底层的雄性承受了更大的精神压力，他们需要时不时忍受来自上层雄性的打骂、欺压和剥削，老大一个眼神就可以吓死一个小人物。他们缺乏对生命的掌控力，没有改变社会的能力，无时无刻不在勤勤恳恳地工作，他们唯一的发泄就是欺负比他们更弱小的猿类，那最底层的雄性又去欺负谁呢？其实小人物的愿望很简单，他们希望能住得离老大远一些，享受一点点自由，拥有自己的妻子，过平凡的小日子。阶级地位始终是他们相亲途中最大的障碍，找对象难，找到对象、不被打扰地交配更难。

一个繁殖季只有不到三分之一的象海豹有交配机会，五头优势雄性象海豹交配次数超过了群体总交配次数的一半。交配频率和社会地位正相关，老大拥有最多的交配机会，可怕的是，如果老大活了几个繁殖季，就会一直霸占交配权。有些雄性可能还没来得及体验性的欢愉，就以处男之身死去了[41]。他们梦想着自己的儿子有一天能逆袭，可梦终究是梦，他们一出生身上就戴着沉重的枷锁。

三、社会等级也能世袭？

研究人员发现，社会地位高的父亲更可能生出社会地位高的儿子，社会地位低的父亲更可能生出社会地位低的儿子。他们以鹿白足鼠为实验对象，父代（S0 代）由一群遗传物质相近的雌性（姐妹）随机和一群雄性（与社会地位无关）交配产生。接下来，S0 代雄性随机两两配对，根据攻击行为确定谁是优势雄性谁是劣势雄性。发起更多攻击行为并且一段时间内总是胜利的为优势雄性。然后，分别让 S0 代雄性与一群遗传物质相近的雌性（姐妹）交配，再从每个雄性中挑选一个雄性后代参与后续实验。重复上述过程直到生出第四代雄性，结果发现 S1 代、S2 代、S3 代、S4

代分别有 71.4%（15/21）、75.0%（9/12）、87.5%（7/8）、85.7%（6/7）的优势雄性有一个同样是优势雄性的爹。因为样本一代比一代小，该差异有两组是显著的。实验排除了雌性因素和环境因素，差异可认为由遗传因素造成[42]。

无独有偶，灰色庭蠊中也发现了类似的社会地位可遗传现象。实验方法与上述过程类似，雌性随机和雄性交配产生父代（P1），接着随机选两只 P1 雄性，让他们打一架确定地位，再分别与雌性交配。然后，把优势雄性的儿子和劣势雄性的儿子配对打架，40 次较量中，85%（34/40）的胜利者都有一个优势爹。该结果是显著的，说明父亲社会地位与儿子社会地位有联系。不仅如此，研究人员还发现，优势雄性更受雌性青睐，成功交配概率更高，追求雌性花费的时间更短，交配的时间更久，交配后和雌性相处时间也更久。更有甚者，研究人员发现求偶能力也能遗传。父亲容易被雌性接受，儿子通常也风情万种；父亲频频被拒绝，儿子通常也情场失意。有一些雄性频频被妹子拒绝，最后在研究人员帮助下，耗时多天终于成功交配。结果发现，雌性被迫和不喜欢的雄性交配后，生下的儿子有 34.4%（11/32）也找不到配偶。而雌性和喜欢的雄性交配后，生下的儿子只有 3.8%（4/106）找不到配偶[43]。

当然，有一些科学家立马提出了反对意见，认为地位高的老爹更容易生出地位高的儿子，不代表社会地位是可遗传的。很多特征都可能影响一个个体的社会地位，比如体形大小、肌肉强壮程度、警觉性、智力、体味，这些因素综合作用，才能在特定的时代产生特定的领导者。我们能说身高可遗传，但不能说社会地位可遗传。社会地位是相对的，你比我好，你就占优势，他比你好，你就占劣势。再者，动物的一生既要靠自身奋斗，也要考虑历史的进程，一个时代的佼佼者错生一个时代可能就碌碌无为了。实验室的环境太过简化，评价标准太单一，结果可能并不足以令人完全信服[44]。

凭借什么划分等级，暴力、智谋、社会关系，究竟什么样的标准才可以使参与者都感到满意？划分了等级，难道强者就能垄断所有资源吗？怎样的资源分配才最稳定？

四、颜值即正义？

尽管资源分配的伦理问题并未解决，但资源分配却时时刻刻在真实世界中发生着，社会性动物中，社会等级高的雄性拥有交配优先权。拥有交配优先权的雄性往往对雌性的要求更加严苛，那么雄性究竟喜欢什么样的雌性呢？

长久以来，学界认为雄性对配偶不加挑选，是永恒的追求者。虽然这似乎和人类的经验相左，但自达尔文提出性选择理论后，无数的生物学家前赴后继地证实了雄性动物追逐雌性时毫不讲究。近亲繁殖？不在乎的。颜值？不在乎的。体重？不在乎的。

年龄？不在乎的。

精子和卵子的数量差异悬殊，存在不成比例的能量投入。精子，仿佛取之不尽用之不竭。

雄性，渴望的只是能够交配的对象。然而，不是所有雄性动物都饥不择食，不是所有男性都有权选择。

雄性选择的第一道关卡是，可交配的雌性数量和自身精子数量的对比。比如，皇帝坐拥三千佳丽，后宫数量已经超出了皇帝的能力，必然有一部分女人被选择，一部分不被选择，一部分被选择得多，一部分被选择得少。但绝大部分雄性都倒在了第一关，雄性的生殖成功和交配次数正相关。雄性最佳交配频率通常高于雌性，于是雌性成了稀有资源，成了雄性争夺的对象。雄性面对的生殖竞争也十分残酷，顶层的 20% 雄性成了 80% 娃的爹，就是说对绝大多数雄性而言，交配次数远远达不到自身需求，一旦有交配机会，必定不遗余力。所以在无数验证雄性选择的实验中，雄性并不展示任何偏好。就像一个饿得半死的人，面前是一盘馒头也吃，一盘鱼翅也吃。

少数闯关成功者面临的第二道难题是，雌性有没有差异？假设雌性没有差异，那么选谁都一样，随机挑就可以，但这种情况很少。个体差异是维持演化的基石。那么有差异的时候，挑质量高的不就行了吗？但问题在于，你怎么评判谁的质量高，谁的质量低？比如，理论上处于排卵期的雌性比非排卵期的雌性吸引力高，能够辨别排卵期的雄性有更大可能当爹，但是很多雌性隐藏了排卵期，雄性想获知准确信息的成本很高，正确率很低，于是被迫放弃了筛选。只有在雌性释放了容易被察觉的、准确的魅力信号时，雄性才能够选择。比如，理论上年轻的成年雌性生育力更强，交配次数更少，精子竞争风险低，性传播疾病感染率低。年龄是一个诚实的信号，很难造假。于是雄性在有选择的情况下，更喜欢和年轻雌性交配[77]。

和寥寥的交配机会相比，雄性的精子确实很过剩，所以包括人类在内的很多灵长类都拥有丰富的自我排遣方式。虽然绝大多数雄性意淫的对象都是年轻、漂亮、性感、丰满、健康、没有亲缘关系、社会地位高、有新鲜感的处女，但大部分雄性终其一生都在性的贫困线上挣扎。

纵然现实中机会寥寥，但是雄性仍旧对异性的外貌有天生的评判，这种选择有什么作用呢？

一份 1970 年的美国调查显示，颜值高的女性收入比颜值中等的女性显著高 8%，颜值低的女性收入比颜值中等的女性显著低 4%，颜值高的男性收入比颜值中等的男性显著高 4%，但颜值低的男性收入比颜值中等的男性收入显著低 13%[78]。这意味着女性更需要追求外表的完美，因为成为美女带来的收入效应更显著，而男性只需要保证自己不丑就行，因为帅气的外表并不会给收入带来显著影响。

生物学家和心理学家一直困惑，美的演化学意义是什么？也许美的个体更健康、更聪明、社会地位更高，美是适合交配的信号，又或许只是生物偏爱美的个体。从性选择的角度看，女性更注重男性的社会地位，因为男性的社会地位和他能提供多少资源给后代相关，男性则更注重女性的生育能力，比如年龄、腰臀比、乳房大小，这和后代数量与质量相关。但这不能解释为什么我们生活在一个看脸的世界。

什么是美？美该如何衡量？上世纪末，科学家提出了两个假说：第一，对称的脸是美的[79]；第二，大众化的脸是美的[80]。

在科学家看来，对称的身体更健康，因为疾病会导致身体的不对称，比如发育问题、免疫疾病、残疾、肿瘤、炎症、感染、寄生虫，等等。个体对称性可能是反映其健康水平的一个可靠信号[81]。另外，有研究认为对称的人可能更聪明。研究人员让被试参加一项认知能力测试，发现长得越不对称的人分数越低[82]。美可能是健康和睿智的信号。

科学家也认为，大众化的脸可能和杂合子效应有关，杂合指同一个位点有两个及两个以上等位基因。理论上，一个个体的基因型越杂合，免疫系统越强，能抵御的病原体种类越多。长得越大众，基因可能就越杂合，抵抗疾病的能力越强。

然而，实验结果和预期却不怎么吻合。实验人员让被试给真人照片和人工合成的照片（根据半脸人工合成全脸，完全对称）的颜值打分。男性认为女性的合成照片比真人照片更美（偏好对称），女性却认为男性的真人照片比合成的更美[79]。另外一项实验得出了相反的结果，实验人员让被试闻异性的衣服并按照对气味的喜爱程度打分，发现女性更喜欢身体对称的男性的气味，男性却没有明显偏好[81]。

第二个假说也没有被证实，实验人员测量了每一张真人照片的眼间距、鼻间距等六个数据，根据它们和平均值的差异做出大众化评分，并让被试对每一张照片进行颜值打分。结果显示，女性并不偏爱长着一张大众脸的男性，她们更喜欢有鲜明男性特质的男人脸（偏离平均值），颜值分数和大众化评分负相关。男人则没有这方面的偏好[79]。

直觉上美应该有意义，否则我们为什么要投入大量时间金钱买衣服、化妆甚至整容，让自己变得更美？如果美是健康的信号，而美又如此稀有，那么这种信号是否有被广泛应用的价值？如果美对于生存没有助益，在演化的荆棘之路上美为何没有丢失？

统计学意义上对称的脸可能更美，但美的脸不一定是对称的，对称的脸不一定是美的，对称根本就不能解释美。无数照片合成的大众脸是没有瑕疵的路人脸，但现实中的美千差万别、各有特色。尽管我们看到一张脸可以立即说出美还是不美，我们却不知道该怎么定义美。

动物界通常雄性要比雌性花费更多精力在外貌上，他们发育出昂贵而美丽的装饰品吸引雌性注意。为什么人类社会女人在外貌上花费的金钱是男人的数倍？

五、一往情深还是喜新厌旧

除了外在容貌，雄性动物对雌性还会喜新厌旧，比如，养鸡场的种公鸡，就站上了雄性动物的巅峰。据说，美国柯立芝总统的夫人曾前往一家农场参观，发现一只公鸡在斗志昂扬地交配，从不停歇，她羡慕地望着鸡舍，动情地问农场主："他一天可以干多少次？"农场主骄傲地说："那可数不清！"总统夫人略带埋怨地说："下次柯立芝来参观，一定要把这件事告诉他！"

柯立芝总统来参观时，农场主如实以告，柯立芝不屑地问："难道他每次都和同一只母鸡交配吗？"农场主回答："当然不是啦，每次都不一样呢！"总统愤愤地说："这不就得了，把这件事也告诉她！"

公鸡见到一只素未谋面的母鸡，无法抑制身体的冲动，对其展开猛烈的追求。惊慌失措的母鸡拔腿就跑，可小短腿和肥屁股却拖了后腿。公鸡一个三级跳，跃上母鸡背，短短几秒钟交配结束，公鸡长吁一口气，悠闲地踱步。他并不享受二鸡世界的美妙，心里向往着一些新的刺激。但他的欲望滔滔不绝，第二次他又轻松地在这只母鸡身上发泄了欲望。欲望像不断涌出的泉水一样拍打着他的小腹，他仔细端详母鸡性冷淡的面庞，怎么还是你，他像尿急却找不到厕所的人一样不情不愿地又跨上她的背。他发誓不会有第四次了，整整 10 分钟，他觉得自己像一只被阉割的老公鸡，丧失了生命的脉动。

雄性似乎总对追求新伴侣充满热忱，
这被称为“柯立芝效应”。

研究人员带走了那只他已厌倦的母鸡，他眼巴巴地望着研究人员，他们又拿来一只母鸡，他迫不及待上前撩妹，定睛一看，却还是原来那只，心中小小的希望的火苗瞬间被浇灭。研究人员再次移走这只母鸡，换了一只新母鸡，原本生无可恋的公鸡立刻满血复活，再展雄风。可惜好景不长，没过多久，他又厌倦了。研究人员得出结论，公鸡显著地偏好新欢、嫌弃旧爱。这种差异和更换母鸡的过程无关，因为把原来的母鸡移出去再移回来并不会增加公鸡的“性趣”。研究人员还发现，精打细算的公鸡和同一只母鸡交配多次后会越来越抠门，精液体积减少，精子数量减少，甚至光注水而不带有活性精子，却让雌性产生精子很多的错觉，从而推迟和其他雄性再交配，深刻贯彻“占着茅坑不拉屎，出了茅坑要锁门”的理念宗旨[30]。这就是柯立芝效应。

柯立芝效应广泛存在于生物界。1956 年，两位科学家研究了大鼠连续交配多少次会精疲力竭。平均而言，大鼠射精 6.9 次、插入 41.7 次后就不再和同一只雌性交配[83]。1962 年，另一位科学家改进了这个实验，在雄性对同一只雌性丧失性趣 15 分钟后，更换一只新的雌性，结果发现，大鼠再次衰竭前的射精次数增加到 12.4 次，插入次数增加到 85.5 次[84]。这一发现让学界炸开了锅，有学者引用柯立芝效应为人类无止境追求新的伴侣正名[85]，也有学者鄙夷这种做法，劝告人们不要为婚外情开脱[86]。

在人们的固有印象里，雄性的配偶数量越多越成功，故成年雄性不是在交配，就是在去交配的路上。可这是为什么呢？

当雄性和一个雌性交配结束，雄性面临两个选择，留或走。留下，则意味着和同一个雌性反复交配；走，则意味打一枪换一个地方。

站在雄性角度，若每天拥有无限量的雌性，则配偶数目越多收益越大。假设雌性在同一个可孕期间内平均已经交配了 N 次，每一次交配导致受精的概率相等，那么雄性投资在同一个雌性身上的精子获得的回报是递减的。他和第一个雌性交配一次，收益为 1/（N+1），和她再交配一次，收益之和为 2/（N+2），第二次交配的收益为 N/（N+1）（N+2）。但如果他在第二次交配时换了一个新的雌性，那么第一次交配的收益为 1/（N+1），两次与不同雌性交配的收益总和则为 2/（N+1），大于和同一个雌性交配两次的收益，所以花心是最优策略。

不过现实中哪有那样的好事。雄性寻觅配偶道阻且长，和已经交配过一次的雌性交配成本更低。雌性没走远，可以再来一次，雌性准备跑了，便死皮赖脸跟着，既有利于方便快捷地再次交配，也可以防止别的雄性来占便宜。万一走着走着遇到了新的雌性，还能够马上见异思迁。可是如果交配一次后就决裂，扬言要找下一春，冒的风险就是走过了夏秋冬依然见不到春。再说了，发情道路上雄性展示歌喉、舞姿、皮囊，吸引的不只是雌性，还有捕食者。“生命诚可贵，爱情价更高”，通常是不成立的。

影响雄性决策的最重要的因素是，容易成功交配的雌性有多少，而这又和雌性数量、分布密度、滥交程度相关。雄性若混迹于数量可观的育龄期、无血缘关系的雌性间，久而久之，便倾向于花心；若翻山越岭十天半月才能遇见一个雌性，久而久之，便倾向于专情。

最懂雄性心思的学届泰斗唐纳德·迪斯伯里（Donald A. Dewsbury）做了一个简单的模型，雌性鹿鼠每胎平均生育 5.3 个后代，只交配过一次的有 42% 的概率怀孕，交配两次及以上的有 92% 的概率怀孕。

假设目标雄性有 4 次交配机会，同时有 4 个雌性可供选择。在没有精子竞争的情况下（雌性没有和其他雄性交配过），和两个雌性分别交配两次收益最大，可获得 9.76 个后代，和 4 个雌性分别交配一次的收益只有 8.92 个后代。可如果这 4 个雌性都交配了 4 次且包含目标雄性，那么目标雄性只和一个雌性交配的收益最大，有 4.88 个后代。如果 4 个雌性都已经交配了 4 次且不包含目标雄性，则雄性和 4 个雌性分别交配一次的收益最大，有 3.92 个后代 [91]。

当然，不是所有动物都有见异思迁的本性，一夫一妻制动物就对配偶忠诚得很。因此，是否存在柯立芝效应，可以作为判断一夫一妻制生物的重要依据 [87]。比如，能形成长期配偶关系的东南白足鼠就不会见一个爱一个（虽然后来发现它们并不是严格的一夫一妻制生物），和老伴干不动了之后即使换一个新的雌性也还是干不动 [88]。一夫一妻制的草原田鼠甚至更喜欢老伴，即使筋疲力尽了，为了不让老伴伤心，还会勉强干一次。

雌性有没有柯立芝效应呢？对很多物种而言，有，但是没有雄性那么明显。不过有几种生物是例外，雌性有明显的柯立芝效应，雄性却没有，比如双斑蟋蟀。蟋蟀是多夫制生物，多夫制有诸多好处，发情期的雄性会产生营养丰富的精子囊，这是雌性求之不得的“美味”。产卵所需的营养很大一部分也由消化精子囊而来。雄性产生精子囊要花大工夫，平均 3.25 小时才能产生一个新的，所以短时间内无法连续交配。雌性如果在一次交配中没有满足，就会立刻甩掉前男友，继续寻找下一个有精子囊的雄性，哪怕实验人员把交配过的两只蟋蟀分开 12 个小时再让它们相遇，雌性也还是更喜欢从来没有见过的雄性 [89]。有学者质疑该实验，会不会是雄性交配之后不再搭理雌性，所以雌性才离开的。因此，研究人员又补做了一组实验，结果发现雄性蟋蟀没有出现柯立芝效应，对新欢和旧爱求偶的殷勤程度及产生的精子囊大小并没有显著差异 [90]。这是为什么呢？

雌性蟋蟀有一肚子卵，雄性蟋蟀每次只有一个精子囊。产生精子囊要耗费大量能量，对雄性的生存造成影响，生殖代价的升高使雄性成为弱势性别。雌性蟋蟀在交配中拥有更大的控制权，雌性交配次数越多或配偶越多，产卵就越多。而雄性蟋蟀精子囊数量有限，在一个雌性身上投资所有的精子囊和在不同雌性身上各投资一个精子囊，后代数量可能差异并不大。

由此可得出的一些不严谨的启示，雌性极度忠贞时，雄性的最佳策略是适度花心，不能一味追求数量，而要对每一个雌性都有足够的关怀。当雌性适度花心时，雄性的最佳策略是忠贞，辛勤地守护伴侣，严防性骚扰。而当雌性极度滥交时，雄性的最佳策略也是滥交。交配策略受种群密度、性别比、寿命等影响，也间接地受地理、食物、天敌等环境影响，最佳策略永远是相对于环境而言的。

社会地位高的雄性可以自由追求生育能力更强、容貌更出众的雌性，可以新欢旧爱不断，而社会地位低的雄性如果不想孤独终老，就只能采取一些“不正当”竞争手段吗？

不一定。

第四章

对宏观规则的反抗

LOVE AND SEX *in* THE ANIMAL KINGDOM

一、精子竞争

自然选择常常意味着强者制定规则，赢者通吃，垄断交配与繁殖的权利。但所幸性选择不止有宏观规则（社会地位、等级与力量强弱等）起作用。

除了宏观尺度上的竞争，微观尺度上也有竞争，因此也便有了逆袭的可能。1970 年，英国演化生物学家帕克尔（G. A. Parker）在滥交和一妻多夫的物种中发现了精子竞争[45]，不同雄性的精子在雌性的生殖道中赛跑，力求使卵细胞受精。精子数量越多、跑得越快、活得越久，取得最终胜利的可能性越大。

精子竞争有两种模式：第一种是公平竞争，凭借精子的相对数量、速度和寿命争夺受精权；第二种是不公平竞争。公平竞争下，受精概率与精子数量成正比。不公平竞争下，受精概率还和交配顺序相关，这又分为两种情况——先进者优势和后进者优势。先进者优势指第一个交配的雄性最有可能成功，像是有的雄性交配之后会在雌性体内留下交配栓，阻止其再交配。后进者优势指最后一个交配的雄性最有可能成功，他会把其余雄性留在雌性体内的精子都清除，只留下自己的。在有先进者优势的物种中，处女情结较明显，因为第一次交配的投入产出比最大。比如，第一个交配的雄性蜘蛛几乎可以使雌性的所有卵受精[46]。如果雄性没有仔细鉴别雌性是不是处女，就可能会遭受精子损失。更严重的是，雄性在交配过程中或交配之后可能会被雌性吃掉。如果和非处女交配，雄性就白白丧命了。皿蛛在正式交配前会仔细检查雌性的贞操，检查方式包括但不限于：有没有雄性交配后留下的交配栓，雌性的网上是否有其他雄性的气味，雌性是不是拒绝交配（刚交配过的雌性比较排斥再交配）。只有当雄性确认该雌性是处女后，才会启动正式交配行为，雄性会先织一张小网，把精子从生殖孔中运送到网上，再用须肢吸取精液直到充满，最后和雌性交配。研究人员发现，只需要 15 分钟，雄性就可以准确判断雌性是否交配过[47]。

在拥有后进者优势的物种中，第一次交配的精子十有八九会被后面的竞争者掏空，最后一次交配更有利可图。除非雄性交配之后一直守着雌性，在她生育之前都不让她接触其他雄性。但雄性通常不愿意花费大量时间守护曾经的爱人，用这段时间寻找新欢可能回报更大。

交配是危险的行为，理论上应该速战速决，可为什么很多雄性生物不能秒射，反而将丁丁（阴茎）在雌性体内来回运动？此运动既不能使丁丁插得更深，又会带来被捕食风险。另外，雌性和其他雄性可能会在他射精之前打断交配，导致他竹篮打水一场空。雄性无视秒射的巨大收益，背后到底有何利益驱动？刺舌蝇是一种浪漫而持久的生物，它们的平均交配时长为 77 分钟[48]，其他的蝇类交配时间也长达 30 分钟（所以它们缠绵的时候是打苍蝇的最佳时刻），但雄性只在交配结束时短暂地射精，漫长的交配仿佛毫无意义。自然选择本应倾向于留下秒射的雄性和热爱秒射雄性的雌性，如果事实与此相反，那么一定是性选择起了作用[49]。

让雄性铤而走险的理由只有一个，射精并不意味着受精。从精子竞争角度看，他们需要移除对手的精子，而活塞运动正好可以移除别的雄性的精子或交配栓。雌性果蝇如果和多个雄性交配，往往最后一个交配的雄性会受精大部分卵子。因为丁丁在雌性生殖器中的持续运动会移除前面交配的雄性留下来的大部分精子，而且精液中的物质可能会使别人的精子失能[50]。这样一来自己精子被浪费的风险就大大降低。

二、竞争使它们更卓越

除了交配顺序，射精量和精子质量也很重要。好刀用在刀刃上，科学家已经在多个物种中（包括人类）发现，雄性动物会根据精子竞争风险有策略地发射遗传物质。我们通常认为精子很便宜，但那只是和雌性的卵子相比。其实，精子的生产也耗费了大量能量。有些动物的睾丸比大脑还大，如此昂贵的炮弹一定要精打细算地使用。

雄性独自和雌性交配的时候，状态最放松，射精量最小，精子的运动能力最差。精子的运动能力直接影响受精成功率。他们之所以懈怠，是因为周遭没有竞争对手，发射一个大炮弹和发射一个小炮弹，成功受精的概率并不会有太大差别（仅仅是他们以为）。一寸精子，一寸金，勤俭持家的雄性本着能省一点是一点的原则偷工减料。但如果雌性离开之后，立马和其他雄性交配，先交配的雄性不就处于劣势了吗？但雄性是受感性而不是理性支配的动物，眼不见为净，看不到就当作没发生。

然而，一旦在交配的当口，出现一个虎视眈眈的竞争对手，雄性被迫要和对手在雌性阴道里一决高下，就需要拿出看家本领了。第一，花光所有的精子存量；第二，派出最优秀的“后勤部队”精浆供给营养，让精子跑得更快。被围观的雄性身体接受的刺激更大，射精量更大，精子速度更快，快感也更强烈。但并不是竞争对手越多越好，对手过多，这个买卖就不划算，雄性会降低射精量，把昂贵的精子留给未来更好的交配机会。

竞争原理放诸四海皆准。你一个人干一个工作，干得好或差，老板都不会炒你，很容易懈怠。但老板又招了一个人，干同样的工作，你每天就得暗自较劲，不能比对方差，否则就要卷铺盖走人了。我们都知道第二种情况比第一种情况更能出成果，如果眼前没有一个竞争对象，我们就会找借口不努力工作，比如，加班不利于健康、不利于家庭关系、不利于陶冶情操，人啊不需要那么努力……动物卖力是为了活下去，人工作是为了什么呢？

讲完了理论，来举几个例子。研究人员发现，志愿者们观看两男一女的色情图片时，兴致比观看三个女人的色情图片更高，不仅如此，精子运动能力也显著更高[51]。两男一女代表有精子竞争，三个女人代表没有精子竞争。公鸡在独立房间中射精量最低，一旦出现围观的公鸡，立刻会就被点燃斗志，誓与之一较高下[30]。给雄鱼播放另一条雄鱼（竞争对手）的色情视频，会发现竞争对手体形越大（通常意味着更大的精子竞争），实验雄鱼的射精量越大[52]。雄性斑胸草雀在婚外情中射精量更大，精子运动速度更快，奸夫的单次射精量是家夫的 7 倍。雌性也很奇怪，只出轨了一次，孩子却有一半都不是自己丈夫的[53]。科学家认为，这也可以解释为什么人类觉得和妻子做爱不如和情人偷情刺激。俗话说“小别胜新婚”，这也是有科学依据的。因为夫妻分别时间长，丈夫被绿的可能性大，他需要多发射一些精子来保障自己的地位[54]。科学家相信，这些研究可以促进人类的生殖健康，他们呼吁在捐精室的成人影片库里多放一些有精子竞争的小黄片，或在捐精者卧榻之侧放一个健美的男人雕塑，以提升精子数量和质量。

有精子竞争时，精子数量和质量的提升可以理解，它们会带来生育上的直接回报，但为什么快感也会有所提升？这就不得不探讨为何性行为会带来快感了。

性行为的目的是基因传递，基因好比奴隶主，生物的身体好比奴隶，高潮是基因奴役生命繁衍的小把戏。奴隶主指挥奴隶做事的时候，不会告诉奴隶为什么要这么做，他会在奴隶做完后，给他们打一针廉价毒品，这也是性行为快感的来源。但当你勤勤恳恳生产出精子或卵子，历尽千辛万苦找到一个可孕的异性，冒着被捕食者撕成两半的风险，大把消费觅食一天所储存的能量忘情交配时，得到的可能仅仅是大量释放的多巴胺和性传播疾病。性行为是不划算的，它是一个只有能量输出却没有能量输入的过程，获得的奖品是生物体内本来就拥有的东西（多巴胺等）。又因为性不易得，无性阶段会有轻微的戒毒症状，爽了几秒钟，代价却是长时间的不太爽。总而言之，性行为是生物为了繁衍下一代被毒品操控的结果，有这时间精力不如多吃点、多睡会儿。当你碰到了精子竞争，奴隶主拍着你的脑袋说，“这回要努力些”，于是你加班加点完成任务，奴隶主为了表扬你，加大了毒品的剂量，也提升了性快感。

三、千奇百怪的丁丁

对多数有性繁殖的生物而言，丁丁是重要的发射精子的工具，演化过程中也很努力地不让主人落后。尤其是体内受精的生物，离开了丁丁的辅助，生殖几乎没有可能成功。但美国佛罗里达州发生了一件稀奇事，一群青少年参加过一个泳池生日聚会后，有 16 名未成年女性怀孕，有当事人声称自己未发生过性行为。最终，有一名青年无法忍受外界舆论压力，承认自己对着泳池干过“不可描述”的事情。此事引起了生物学家的高度兴趣，他们认为该男孩拥有能力超强的精子。然而，该报道后来被认定是假新闻，泳池利益相关方斥责该假新闻伤害了女性的游泳意愿，精子在泳池里根本活不了几分钟。

编造这个故事的人，可能从体外受精的动物那里得到了启发。雌性的卵子可以留在体内，也可以排出体外；雄性的精子可以在雌性体内排出，也可以在体外排出。

体外受精在很长一段时间内都得不到理解，体外受精通常发生在水里，精子和卵子在水中找到彼此并结合。对于在水中体外射精的动物，水会极大地稀释精液浓度，而且海水等水体中可能含有的有害物质会损伤精子活力，幸存的精子还要穿越阴道地狱，这些问题明明用一根防水的丁丁就可以解决，可这些动物却偏要偷懒。

达尔文在出版《物种起源》之前，研究了好几年藤壶。藤壶是一种附着而生的甲壳动物，不像螃蟹可以在海中自由移动。藤壶性成熟之后只固定在一个地方，这样一来找对象就有了困难。

藤壶是阶段性雌雄同体的生物，也就是说，藤壶可以转变性别，但一段时间内一个藤壶只有一种性别，因此自交繁殖的概率很低。达尔文观察到，某种种类雄性藤壶的丁丁最长可以达到体长的 8 倍，它们会用自己灵巧纤细的丁丁探索周围环境，找到异性就猛插进去。由于远距离啪和普通的交配差异过大，因而这种远距离交配被命名为“假交配”。可问题又来了，假设藤壶主要靠假交配繁衍，那么如果 8 个身长以内没有异性邻居，它们岂不得孤独终老，更何况不是所有种类的藤壶都有巨长的丁丁。但事实上是独居雌性藤壶体内仍旧有大量受精卵。

科学家经过不懈努力终于发现，藤壶有新的“播种机制”①，就是把精子洒向广袤的大海，让它们自由地去寻找所爱，毕竟大部分不能移动的海底生物都像植物一样通过水这种媒介传递着自己的精子。

为了验证这种猜想，实验人员捉了 599 只藤壶，这种藤壶的丁丁松弛状态下只有体长的一半，勃起状态下也仅仅比身子稍微长一点。实验人员摇摇头，说，实在太小了，咋可能有后代呢？

他们把藤壶一雄一雌两两配对，测量雌性的受精率和出轨率如何随着它们之间物理距离的增加而变化。结果显示，在它们相距不足两个身长时，雌性的受精率达到 50%，且出轨率几乎为零。然而，随着距离增大，受精率稳步下降，出轨率则显著提升。雌性接受了大海里来自远方的漂流精子，这进一步证实了异地恋不靠谱[55]。

纯粹的体外受精也是海洋生物常见的一类生殖方式。

通常情况下，雄鱼追求雌鱼，如果雌鱼看上了雄性，就会在他

① 远程授精（Spermcast mating）：雄性将精子排入水中，精子自发游到雌性身边，使卵子受精。常在固定生存的生物中出现。

的窝里产卵。随后，雄鱼再播撒精子。由于雌性比雄性挑剔，假设雄性先排出精子，结果雌鱼又没看上他，这些精子也就浪费了。

但海参不一样，竟然是雄性先排出精子，雌性再排出卵子。雄性的这种投资策略看似过于冒进，其实他还留了一手，与精子一同排出的是浓浓的性信息素，对雌性和雄性都有催情作用。实验人员分别收集了雌性和雄性排卵、排精的海水，再将另一批海参一个个单独放下水体验一番，结果发现排卵海水只能略微提高两性性欲，而排精海水则可以显著提高两性性欲，作为春药疗效十分显著。雄性海参排精后，雌性多半禁不住诱惑要与其共度春宵，这可以看成是雄性的操纵行为，可是为什么其他雄性也兴奋起来了呢？可能是他们嗅到了潜在的交配对象和精子竞争危机，刻意制造了群雄混战场面[56]。

对于交配这项体力活，雄性多的是偷懒的技术。藤壶勇于放手，让精子自己去寻找真爱。更有甚者，雄性瘤船蛸还敢放飞自己的丁丁①。雌性瘤船蛸住在外壳里，体长可达到30厘米，雄性没有壳，体长不到 3 厘米，如此悬殊的体形差异，交配自然不能如我们想象中那样进行。

雄性瘤船蛸的一只触手中储存了大量精子，在短暂的性接触之后，精子触手会折断在雌性体内，继续发光发热，而雄性在完成了自己的历史使命之后，便会长眠于寂静的海底。我们

---

① 可拆卸阴茎（Detachable penis）：雄性的阴茎或存储精子的交配器官，可以在交配前或交配中，拆卸下来，自行寻找雌性或自行完成交配。

不确定雄性是否会感到幸福，他们有时甚至会在正式交配前，折断丁丁触手，让断肢自己钻进雌性体内。不知雌性携带着丁丁自由遨游的时候是否会想起，体内的某一部分，曾经属于另一个鲜活的生命[57, 58]。

有的生物为了交配放弃自己的丁丁，有的生物却为了飞行放弃丁丁。鸟类丢弃丁丁的唯一好处可能是减重了更易飞行，但也有研究认为，丢了那二两肉根本什么影响也没有。

当一众雄性生物还在苦苦纠结丁丁形态，每使用完一次自己的宝贝都要细心养护，希望下次使用时不要给自己丢脸时，丁丁界的土豪海蛤蝓走在了所有雄性的前面，率先推出可再生丁丁①，完美规避了以上的所有缺点。每根丁丁只用一次，用完就霸气地拔下来扔掉，二十四小时后，又长出一条闪亮的新丁丁，不生病，不怕断，除了贵，没毛病[60]。

自然界的丁丁有着千奇百怪的使用方式，还有哪些丁丁形态可以为雄性助攻呢？

四、丁丁的神奇演化

冰岛有一个动物生殖器博物馆，陈列了各种动物的生殖器标

① 可再生阴茎（Disposable penis）：雄性在交配后会脱落阴茎，在短时间内再长一根新的。

雄性瘤船蛸在短暂的性接触之后，精子触手会折断在雌性体内，
雄性在完成自己的历史使命后，将长眠于寂静的海底。

本，丁丁的大小、形状、结构均不一样，有的有阴茎骨，有的是多头丁丁。丁丁不像重要脏器那样，遭受一丁点的突变就丧失功能，导致个体扑街。它的作用非常简单，只要能把精子送到卵子身边即可，最多再加上移除别的雄性遗留在雌性体内的精子的任务。只要能完成简单的任务，外形稍作改变，并不会给个体生存带来显著不利。

于是，丁丁有了百花齐放的资本。即使某些形态的丁丁可能稍占繁殖劣势，结果也要经历多代才能显示出来，而说不准在哪一代，原先有劣势的丁丁就变成优势丁丁，一举扭转战局。丁丁的形态和长度同时受性选择和自然选择的影响，但性选择起主导作用。从性选择的角度看，丁丁变长是雄性驱动，而非雌性主动选择的。

那丁丁长度和什么因素相关呢？学界几乎统一认可一个观点：越滥交的物种，睾丸越大。那么丁丁大小是否也遵循这个规律呢？目前的研究还无法证实。滥交成性的黑猩猩拥有比人类大数倍的睾丸，丁丁却只有人类丁丁的一半长和粗[61]。这可能是因为黑猩猩有阴茎骨，过长的骨头容易骨折。不过在某些哺乳动物中，阴茎骨的长度和睾丸大小正相关，这意味着阴茎骨越长，在精子竞争中越有优势[62]。尽管丁丁长度和滥交程度没有明显的关系，但丁丁的形态差异和滥交程度却有显著的关联。滥交的物种间差异是专一的物种间差异的两倍，这可能是因为与多个异性交配加快了演化的速度[63]。

不难想见，被插的风险高于插别人的风险，越具侵入性的丁丁越容易伤害雌性，带来性传播疾病。精子需要游过雌性的生殖道，生殖道越长，雌性的筛选和自主性也越强。雌性深邃而复杂的生殖道就是用来迂回躲避雄性富于进攻性的丁丁的。长丁丁其实是作弊行为，意图让精子不“苦其心志，饿其体肤”，经历更少的挫折就快速成功。再者，丁丁的往复运动可以排出其他雄性的精子，如果自己的丁丁更长，那么我的精子别人就排不出来，而别人的精子我都可以搜刮干净。

单看性选择，雄性自然追求大丁丁和大睾丸，但从自然选择的角度看，大丁丁容易受伤，大睾丸太耗能。携带一根大棒子，就不能恣意奔跑，否则，一不留神，丁丁就在石头上磕断了。即使小心翼翼看着身下，捕食和逃避捕食时的姿势想必也十分滑稽。

有什么办法，可以让雄性既能够沉湎于交配场上大丁丁带来的强烈自我满足，又能够在日常生活中方便行事？首选就是拥有一根该变大时变大、该缩小时缩小的丁丁。这种设置极为常见，又可细分为两类：一类是像人类一样，不需要的时候丁丁缩小悬垂体外；一类是像鸭子一样，不需要的时候丁丁缩回体内[64]。

就像折叠伞总是比直柄伞容易坏，可以任意弹出、缩回体内的大丁丁可能面临更多力学上的问题，包括弹不出去，折叠不正确，收回不去等。这些动物体内需要专门划分一个空间装压缩版丁丁。不仅如此，健康方面也有隐患，比如，丁丁接触面大，折叠在潮湿的体内，会滋生更多细菌，有的蠢鸭还可能在缩回时不小心裹片羽毛进去，扎得生疼。但好处也显而易见。动物不穿衣服，外放丁丁难免被风雨摧残，放在体内，丁丁就像钻进了袋鼠妈妈的口袋一样安全。

对比之下，人类丁丁遭受的风险就很大了，比如在树上摘果子突然俯摔到地上，跨栏被树枝扎到，游泳的时候被鱼咬。更不用说不择手段争夺配偶的其他雄性，会盯着你的丁丁，甚至卑劣的捕食者都可以从丁丁下手。不过，虽然人类的丁丁把弱点暴露在外，不利于自然选择，但对比精密的弹射丁丁，这种简单粗暴的设计更不容易出内部问题。

这两种丁丁有一个共同点：它们受到的刺激超过阈值就会勃起，阈值越高，变大越困难。如果阈值很低，可能微风温柔地吹一下，自己就弹出来了；如果阈值很高，可能在该交配的时候还是出不来。

为此，最富有想象力的大自然又创造了两种天差地别的设计，成功解决了不举的难题。

第一种，化繁为简，化整为零。哺乳动物、鸟类、龟、鳄鱼、蛇和蜥蜴的共同雄性祖先都拥有丁丁[65]，而鸟类中的雄性因为某些不为人知的原因，丢弃了丁丁。可它们又是体内受精的，该如何传递精子呢？科学家给它们的交配行为起了一个非常有味道的名称——“泄殖腔之吻”。泄殖腔是肠道、尿道和生殖道终端的汇合点，排泄物的欢场，微生物的天堂。公鸡和母鸡交配时，二者的泄殖腔像两个吸盘一样贴在一起，公鸡在数秒之内将精子高速射入母鸡阴道，极度兴奋时可能还会大小便失禁，交换肠道菌群，亲密无间。

大自然的第二种设计即演化出阴茎骨。拥有阴茎骨的丁丁不用过于费力地使自己充血变得饱满，还可以增加丁丁的硬度，提高成功交配概率，助力精子传递。不过凡事有利就有弊，比起可大可小的肉坨丁丁，阴茎骨更容易骨折。

在性选择的压力下，生殖器的演化打造出了百花齐放的丁丁，雄性动物们想方设法地变出更厉害的武器，以获取在精子竞争中的更大优势。但有时候，精子作为珍贵的交配资源，竟然会被动物们刻意地浪费。

五、自慰的非洲地松鼠

科学家怀疑，那些得不到交配机会的雄性只能靠撸来发泄自己的欲望。在遥远的非洲大陆，科学家们视奸了一群非洲地松鼠。

这群松鼠因其夸张的自慰行为获取了科学界的广泛关注。他们拥有与体长不成比例的大丁丁，以至于端坐在地上时，双手扶稳，低头就可以咬到。他们的躯干上下起伏，不一会就随着震颤到达顶点，随后尽情享用喷射而出的高蛋白[66]。

理论上，除了那些头短手短丁丁短的动物们，一切身体条件允许的动物都有自慰能力。自慰长久地被科学家认为是不利于健康的。这个名字也显示着这是失败者的自我安慰——卵子按个卖，精子称斤卖，自慰就是卖不掉的精子清仓甩卖。

随着人们意识到，精子这个会动的小玩意儿造价并不便宜，高比例的自慰行为就愈发显得自相矛盾，本着一切行为皆有缘由的原则，科学家们试图找到背后的机制。

假说一：找不到对象，所以靠自己。

这是最利于人理解的假说，因为无数单身个体亲自实践过，但既然是科学，就要用科学的方法去论证，而不是凭经验夸夸而谈。

人类的近亲猕猴也有这种烦恼。高等级雄性猕猴掌握了大多数交配权，低等级雄性经常会因为欲望找不到合适的对象抒发而借撸消愁。

他们时常因为无法控制自己的身体而感到痛苦，比如，看到远处雌性鲜红肿胀的生殖器，却只可远观不可亵玩。他们会把雌性咂巴嘴当成性感的撩拨而不能自持，更不用说雌性邀请其他雄性交配的搔首弄姿和交配时的欲血偾张，这直接燃烧了他们的身体[67]。

求而不得是众多文学作品的母题，结局要么是接受命运，要么是对命运发起反击。作为失败者的那些日本猕猴本弥散着悲凉气息，但他们不甘于命运，不满足于自己解决，竟做出匪夷所思的举动——和鹿“啪啪啪”[68]。跨物种的强迫性行为并不鲜见，前有海豹强迫海獭性交至死，后有海獭性侵企鹅重伤[69]。生殖的欲望有时和鲜血交织。

可松鼠研究者发现，这似乎不能解释松鼠为什么会自慰。因为交配次数越多的雄性，自慰次数也越多。这让人不禁惊奇，他们竟然可以源源不绝地产生大量精子，想必低垂着的巨蛋一定是他们生命中不能承受之重。

雌性平均每年发情四次，每次发情三小时，这三小时会吸引成群的雄性在她的闺房前排队期待欢愉，平均每只雌性在发情期会接受 4.3 只雄性，最高可和 10 只雄性交配。

在共妻主义盛行的松鼠社会，自慰并不是为了填补空虚寂寞。

假说二：为了提高精子质量。

根据世卫生育手册，备孕男性同房前需要禁欲 2～7 天[70]，如果两次性生活间隔太短，还没有完全成熟的精子就被拉出去打仗了；如果间隔太长，精子可能放过了保质期，缺胳膊少腿地去打仗了。

精子从睾丸中产出后，还要进一步在附睾里成熟，附睾也是主要的储存精子的场所。太久没有性生活可能会导致附睾里的精子老化，活力下降，另外禁欲时间越长，精液浓度越高，过高浓度的精液会造成精子尾部交联，导致运动速度降低。

现在还没有确凿实验数据告诉我们，精子的保质期到底是几天[71]。有研究认为，我们远远没有试探出精子储存的时间底线[72]。如果长期禁欲对精子确实有负面影响，那么交配前的自慰行为则可以清除老化的精子。

男人和公鸡的精子理论上两天就可以恢复。如果两次性生活只间隔一天，那么，精液的密度、体积、活性都会下降，畸形比例会上升[54]。然而，也有研究认为，年轻的精子DNA断裂的比例更低[73]。到底应该禁欲几天再去造人的争论旷日持久，可在关于松鼠的研究里，撸好像和提升精子质量毫无关系，因为他们主要在交配结束后撸，且做得越多，撸得越多。

假说三：为了避免得性病。

把一切不可能排除之后，剩下的就是真理。

由于雌性会在短时间内和众多雄性交配，为了避免感染性病，雄性只好依靠撸排出身体毒素。

研究人员发现，“做得越多，撸得越多”的松鼠们生活在非常干旱的地区，所以不经常排尿。其他动物为了避免得性病，会在交配后尿尿冲洗尿道，可这群松鼠的水非常宝贵，为了一次交配就去尿尿实在太奢侈，于是他们选择撸，这样射出的精液量少，还可通过食用把水重新吸收回体内，实在是非常经济实惠。

但这个解释并非完全没有问题。按理说，第一个交配的雄性不用担心传染问题，所以应该不用撸。最后一个雄性风险最大，应该撸得最多。但实际上，撸的频率和交配顺序无关。这也许是因为滥交又没有很好的清洁办法的雌性松鼠已经携带了很多致病菌，对雄性而言，保险的做法还是做完撸一下。

无独有偶，另一项研究发现，身段柔软的雌性犬蝠在交配期间有舔舐雄性丁丁的习惯，但这可能也是出于清洁的需要，因为口水具有消毒杀菌的作用[74]。不过这也尚未被科学证明。

纯洁的动物竟然比人类还会玩，还真让人泄气。

六、情欲还是生殖，什么是雄性的渴求？

性不止是为了繁殖，繁殖也不必要牵扯性。

人类掌握了这项技术。农业科技日新月异，现代养殖业逐渐放弃自然交配，转而从家畜身上收集精液，人工授精。种马种猪竟然一辈子没见过异性，足不出户儿孙遍天下，家禽牲畜纷纷实现处女产子。高质量的精子一管难求，人工授精优势何在？

原因有三点：效率、质量、卫生。拿养猪作为例子，可以看出人工授精的优势。

第一，传统养猪是从其他猪场租借公猪配种，人家大老远来一次，结果母猪性致不高，不给配，白来了。就算一次给配了，也未必能怀上，折腾几次，成本就上去了。但人工授精，一次射精的精液可以供几头母猪用，单次成功率还高于自然交配。这样可以大大减少饲养的公猪的数量。

第二，自然交配，公猪的精液质量不好控制，可能今天身体不好，或者连续配了几天种，精液质量下降，不稳定还无法检测。人工采集出售的精液全部都是通过质量检测的，不放心的话，还可以在使用前用显微镜看一下质量，让精液的数量质量都有保证。

第三，人工输精管会充分清洁消毒，而万花丛中过的种猪则携带着很多病菌，今天睡了这头母猪，明天睡那头，很可能引发交叉感染。

采用人工授精还有一些小众的原因。比如养鸡，种公鸡有时候重量是母鸡的 2～3 倍，交配久了容易把母鸡压死。另外，散养的公鸡可能着重宠幸鸡群中的几只母鸡，雨露不均，被冷落的母鸡可能得不到足够多的精子。

因此，人工授精实属现代养殖业的先进发展方向。

人工授精有两个关键步骤，取精和授精。授精的步骤比较类似，可取精的方法就各有不同了，主要有假阴道法、电刺激法、按摩法[75, 76]。

先说假阴道法，也可分为两类，一类是对着假屁股就能交配，一类是必须在雌性帮助下才能使用假阴道。

种马、种猪、种牛已经很习惯长得像跳马、平衡木一样的女朋友了，在饲养员的循循善诱下，种马兴奋地跳上木桩，随着音乐律动甩打尾巴，饲养员伺机把假阴道对准丁丁，猝不及防地套了上去。饲养员说，永远不能让他们见识真正的母马，否则你懂的。

但不是所有动物都能接受这么抽象的女朋友，比如兔子。于是人类又想到了新的方法。他们使用母兔诱导公兔交配，公兔亮剑准备战斗的时候，饲养员会抢先一步把公兔丁丁塞到假阴道里。

雄性对假阴道不感兴趣或者需要的射精量很大的时候，也可以用电刺激法。电刺激法分两类，一类是丁丁刺激，一类是菊花（肛门）刺激。

实验表明，刺激丁丁产生的精子质量更好，但缺陷在于要把电极固定在丁丁上，不是谁都能乖乖地坐在那里让你电。而菊花刺激使用得更广泛一些，将电极塞入菊花，调整电流电压的刺激频率即可促使射精。这样雄性可以一次性把储存的精液都射出来，其中会有一些尚未完全成熟的精子。这种方法通常需要全身麻醉，适用于大型动物、濒死动物和比较挑剔的动物。

人类的近亲猴子对丁丁刺激和菊花刺激都很敏感，给公猴子取精通常选在清晨，因为猴子在白天经常会自撸，如果取精开始前，技术人员在地上看到了白色的精液，就需要让他们休息一天。

最后一类就是工作人员按摩取精，取鸡精主要用这种方法，因为鸡没有丁丁，肠道和生殖道都汇集于同一个泄殖腔，假阴道无法使用，电刺激也不是很好用。

撸鸡的学术说法叫腹部按摩，但实际上按摩的是背，鸡的睾丸长在背部，反复马杀鸡刺激睾丸，会让肌肉收缩射精。收集完精液就可以做质量检测，合格的精液会被分装冷冻，送往各个养殖基地，给动物们配种。

继续拿猪打比方，饲养员需要充分清洗母猪的外生殖器，之后坐在猪背上，一只手插输精管，一只手爱抚母猪乳房，促进母猪吸收精子。但是人再怎么爱抚都没有公猪做得好，人们发现，只要和公猪交配，就可以刺激母猪发情。自家公猪可能质量不好，或者是母猪的近亲，不适合配种，但做一下苦力活还是很经济实惠的。

于是，养猪场结扎了公猪的输精管，这样公猪会产生没有精子的精液，同时拥有正常的性功能（就像人类的输精管结扎）。他们定期与母猪约会一次，却不知道自己永远不会有孩子。

用精子数量和配偶数量来评判雄性生殖策略在此刻似乎失效了，种猪提供了最多的精子、获得了最多的后代，却可能从未体验过真实的性生活，结扎的公猪经历着“正常”的情爱，却无法享受天伦之乐。

雄性的欲望与情感给他们指引的道路，和基因试图使自己疯狂扩张的意图相悖。情欲还是生殖，雄性渴求的究竟是什么？

种猪和他的“假女友”。
永远不能让他们见识真正的母猪，否则你懂的。

瘤船蛸

雌性瘤船蛸住在外壳里，体长可达到 30 厘米，雄性没有壳，体长不到 3 厘米，雄性瘤船蛸只能放飞自己的“丁丁”进行交配。

非洲地松鼠

非洲地松鼠因其夸张的自慰行为获取了科学界的广泛关注。雄性拥有与体长不成比例的大“丁丁”，以至于他们端坐在地上时，双手扶稳，低头就可以咬到。

长尾猴属

人类的近亲猴子对丁丁刺激和菊花刺激都很敏感。因为雄性猴子在白天经常会自撸，所以取精通常选在清晨。如果取精前，技术人员在地上看到了白色的精液，猴子们就需要再休息一天。

波斑鸨

为了研究到底是大叔的精子好，还是小鲜肉的精子好，研究人员对波斑鸨进行了人工授精，结果显示大叔的后代与鲜肉的后代相比，破蛋率低，幼鸟生长速率也相对较低。

雪雁

雪雁会主动收养窝附近被抛弃的鸟蛋，但这可能不是出于善心，多孵一个蛋的边际成本可以忽略不计，但混在自己蛋中的弃蛋可以帮助稀释被捕食的概率。

金丝雀

金丝雀宝宝在自己还是一颗鸟蛋的时候，就已经盘算起了未来怎么找妈妈多要一些吃的。

第五章

『她』或『他』，谁来制定规则

LOVE AND SEX in THE ANIMAL KINGDOM

一、雌性的浪漫选择

“她”还是“他”，谁在制定性选择的规则？

雄性竞争和精子竞争呈现了雄性参与标准制定的过程。我们再来看看性选择的另一半主体——雌性。雌性选择要温柔、全面得多，外貌、歌喉、舞姿、带娃能力都在考量范围内。雄性竞争和雌性选择不能完全割裂来看，有时候它们会重合。根据同性竞争的原理，雌性会偏爱决斗胜利者，但有时候雄性竞争与雌性选择的筛选结果不一致。雌性可能会爱上一只有鲜艳鸡冠、肉垂的公鸡，但他的打斗能力比没有他俊美的公鸡差。

性的代价巨大，鲜艳的颜色、求偶的歌声不仅吸引了雌性还吸引了捕食者，美丽而笨重的装饰是以飞行、奔跑的巨大阻力为代价的。比如，白钟伞鸟的求偶歌声震耳欲聋，雌性不得不与其保持相当的距离，以免听力受损。这样昭示自己存在的歌声也会吸引捕食者到来[92]。精致外貌的代价可能是战斗力的下降，比如，公鸡的鸡冠和肉垂是阿喀琉斯之踵，一旦被对手啄住，就容易因失血过多死亡。烦琐的求偶过程将雄性长时间暴露于危险之中，比如，雄西方松鸡求偶的时候心无旁骛，竖起全身的羽毛，奋力拍打双翅，旋转跳跃闭着眼，舞蹈不完跳动不止[93]，以至于猎人可以轻而易举地射杀，甚至徒手擒获他们。美是危险的根源，爱是死亡的伴侣。

雌性选择是富于浪漫的，它诉诸艺术而非暴力。

鬣蜥膨胀的喉囊[94]，发情期呈现黑蓝红三种色彩。它没有任何实际的用处，甚至可能给生存带来不利影响，因而它被保留的唯一的解释就是雌性喜爱这种美。

出色的歌舞能力能给雄性大大加分。人类训练过一只红腹黑雀鸣唱《德国圆舞曲》，它的歌声吸引了笼子里所有鸟驻足聆听，如痴如醉。人类曾发现，一只被囚禁的雄鸟因为善于鸣唱，吸引了四五只雌鸟[95]。

为什么雌性会偏爱有健康漂亮的第二性征的雄性?

根据健康假说：如果公鸡感染了寄生虫，就会影响雄性第二性征的表现，而雌性会通过这一表现来判断配偶的质量，因此病公鸡对雌性的吸引力远不如那些漂亮公鸡[10]。马琳·祖克以红原鸡为实验对象，一组公鸡幼年被人为感染了寄生虫，一组没有感染，性成熟之后，被感染的公鸡鸡冠和眼睛颜色黯淡，鸡冠和尾羽更短，不太好看的样子。把两组公鸡给母鸡选，母鸡果然更喜欢鲜艳的健康公鸡。选择健康的配偶，既可以让后代有更好的抗寄生虫能力，又可以防止自己被感染[96]。

针对不同物种的实验结果纷纷支持该假说，但就在“喜大普奔”之际，科学家们却发现雌性会偏爱感染了一种寄生虫的雄性，这种寄生虫就是让“铲屎官们”闻之色变的弓形虫。

二、失误的雌性选择

猫是弓形虫的最终宿主，可供其有性繁殖，但感染猫之前，弓形虫还可感染老鼠等中间宿主。老鼠食用了含有弓形虫的猫粪后被感染，猫吃了被感染的老鼠，也会被感染，形成闭环。

这是寄生虫的常见套路，也没什么厉害的，但弓形虫身为寄生虫界的“super star”、科幻电影中的座上宾、心灵哲学的讨论对象，有一个撒手锏——操纵它的宿主。高贵的弓形虫寄生在大脑里，出身甩了其他寄生虫十几条街。

理论上，雌性大鼠需要练就火眼金睛，及时筛选掉被寄生虫感染的雄性。然而，雌性却会被弓形虫迷惑。

研究人员让未经感染的雌性大鼠挑选配偶，一组雄性被感染过，一组没有。结果雌性显著偏爱感染过的大鼠，与这些雄性共处的时间更长，交配频率更高。研究人员认为，这可能是因为被感染过的大鼠看起来更性感[100]。一步错，步步错，弓形虫会通过性行为传播，还会通过母婴垂直传播。

感染了弓形虫的大鼠看起来更性感的原因可能是感染增强了

雄性大鼠参与睾酮表达的基因，从而使其产生更大的睾丸，生产更多的睾酮。睾酮会增加雄性的进攻性，减少恐惧，增强肌肉和第二性征，使雄性看起来更性感，同时也更作死[101]。

弓形虫感染不仅会诱导雌性做出错误选择，还可能让被感染者死亡。

2012年出版的《宿主操纵术》[97]中梳理了这些骇人听闻的现象。寄生在大鼠脑子里的弓形虫，一心只想跑到猫的身体里生儿育女。为了快速达到自己的目的，它们操纵自己的中间宿主走上了一条不归路——吸引猫的注意，“快来吃我，我在这儿”。

它们的具体做法包括且不限于以下几条：多活动，走的路多了，总有一条通向捕食者家里；多暴露，哪里流量大，去哪里搔首弄姿；降低恐惧、焦虑，积极探索环境，与捕鼠夹亲密接触，等等。这种大无畏的作风仿佛它们站在了食物链顶端，感染弓形虫的大鼠作死程度显著高于未感染的战战兢兢的大鼠。

科学发现能给科幻及文学输送养料。2000年的一篇有着浪漫标题的学术文章《老鼠爱上猫，致命的吸引力》[98]引发了广泛关注。

研究人员设置了三个对照组，分别是大鼠自己的气味、中性气味和兔子的气味，还有一个实验组——猫的气味，让被感染的和未感染弓形虫的大鼠分别接触这些气味。

结果发现，所有对照组里，被感染和未感染弓形虫的大鼠活动没有显著差别，但是实验组里，被感染的大鼠显著地更喜欢往有猫味的地方跑。研究人员进一步进行了偏好测试，发现被感染弓形虫的大鼠迷恋猫危险的气息，未感染的大鼠则闻到猫的气味就赶紧躲起来。

2014年，有学者试图去寻找致命诱惑的分子机制，发现弓形虫可以通过使一些关键基因低甲基化，改变大鼠大脑的运行，重新连接内侧杏仁核的特定通路，使猫的气味激活大脑控制“性行为”的相关区域，把恐惧变为爱[99]。

根据“关注越大，越被骂个狗血淋头定理”，这么劲爆的研究一定会有反对的声音。有学者认为，我们是搞科学又不是写小说，想象力不要那么丰富[104]，感染猫就那么重要吗？中间宿主也是宿主，无性繁殖也是繁殖，那么多生物体内都发现了寄生的弓形虫，它们也不差这一点猫宿主。老鼠脑子不清醒上街了，你就说是为了吸引猫，老鼠喝了酒也会上街，还会在大街上睡着，这和吸引猫有半点关系吗？

而且，没有任何证据表明，被感染的老鼠更容易被猫吃，我们只是发现，被感染的老鼠脑子不好使，论证逻辑上还缺了一环。被感染的人脑子好像也不太好使，然而人并不会被猫吃掉，这些类似大鼠的自我暴露行为并没有适应性意义。

这样推论下去，还不如说猫奴都是被弓形虫操纵来主动伺候猫的。要不为什么猫就是主子，狗就得是舔狗呢？

不仅老鼠是弓形虫的中间宿主，人类也是。有研究认为，弓形虫在世界范围内的流行率为30%[99]。也有研究认为，流行率为

15%～85%[97]。还有研究认为，发达国家三分之一的人口都感染了。尽管数据上有出入，但不可否认的事实是，感染率确实不低。

曾经我们以为细菌感染是有害的，后来发现体内的微生物菌群是我们完成正常生理功能所必需的，寄生虫会不会也是这样，暂时不得而知。

由于弓形虫可以在大脑中寄生，因而有假说认为，感染弓形虫可能是精神分裂症的危险因素，也有可能改变人格。感染弓形虫的人相比未感染者，更多地报告自己言辞不够伶俐，反应更慢，对危险的感知力更差，交通事故率更高[99]。

尽管如此，被弓形虫感染的男性看起来却更性感了。生殖和生存总是充满矛盾，用大脑换美貌的情况在不少生物中都有发现。这可能正是弓形虫感染不利于宿主生存，却仍旧能够大规模存在的一个原因。

在一个实验里，研究人员搜集了 71 个健康男性和 18 个被感染男性的照片，让 109 个女性打分，结果显示多数女性认为被感染的男性看起来地位更高，男性气概更足[102]。另有研究发现，感染弓形虫的男性身高更高[103]。

女性会适度偏爱这些特征，而这些特征恰巧和睾酮含量相关，只是我们无法判断究竟是感染后的男性睾酮含量更高，还是睾酮含量高的男性更容易被感染。

三、雌性选择的落败

如果雄性在力量上强于雌性，二者的决定又不一致，就可能发生强者强迫弱者的情况。

科学家在阿根廷捕获了一只拥有超级丁丁的南美硬尾鸭，他一举成名登上了《自然》杂志，顿时学界哗然，各科学家纷纷跟进文章，感叹："为什么不是我抓到了这只鸭子？"南美硬尾鸭通常体长只有 40 厘米，体重 640 克（平时菜场买只鸡大概 1500 克，可以想象这种鸭有多小了），但他却竟然拥有 42.5 厘米长的丁丁，刷新了人类认知[105]。各种鸭子是丁丁研究界的热门选手，不仅是因为绝大部分鸟类在演化过程中都失去了丁丁，鸭子却保留了，更因为他们的丁丁形状不走寻常路，是著名的螺旋状。

科学家至今没有弄明白，为什么只有 3% 的鸟类有丁丁？从系统发生学的角度看，鸟类的祖先拥有丁丁，但到了鸟类就退化甚至消失了。这对于体内受精的动物而言很不寻常，命中率一下低了很多。比如，我们最熟悉的家禽——鸡，就没有丁丁，交配现场惨不忍睹，不仅经常射不准，而且因为排泄物和精液都是从同一个泄殖腔排出，激动的公鸡在传递遗传物质之余，偶尔还会传递一下排泄物质。

绝大多数鸟都没有丁丁，为什么偏偏鸭子有呢？有人认为，鸭子经常在水里交配，如果没有丁丁，精子就被水稀释了，水中的有害物质可能还会损坏精子[106]。但研究并未发现雌性偏爱大丁丁。另一种说法是，大丁丁是强迫性行为利器，证据是婚外强迫性行为率和丁丁长度正相关，但这也可能是因为精子竞争强度变高，所以丁丁变长了[107]。鸭子的大丁丁可能是为了强迫性行为而设计的。水禽在正常交配中，长丁丁并没有显示出多大的优势，也就是说雌性并不对长丁丁情有独钟，但强迫性行为的发生比例却和丁丁长度正相关[108]，这意味着长丁丁有助于强迫性行为。无独有偶，体内受精的孔雀鱼，雄性长有用来交配的生殖鳍。生殖鳍的长度可以被用来准确预测强迫性行为的成功率[109]。由此看来，雄性动物盲目攀比丁丁长度的态度并不可取。

规则不仅会越界，不同的规则还会有冲突，雌性的规则和雄性的规则发生冲突时，该怎么解决？

规则冲突发生的要素通常是一个性别在力量上胜过另一个性别。“雄性比雌性大”在自然界并不是普适性规则，但人类无可避免地总是由人类视角观察世界，而且我们最亲近的动物几乎都呈现出雄大雌小的特征，于是在人们的常识中，雄性往往是更大的那个。但在无脊椎动物和冷血脊椎动物中，雌大雄小才是最常见的模式，比如，我们熟悉的蜘蛛。这种差异在昆虫中尤甚，雌性体积是雄性几百倍的情况也不罕见。唯有鸟类和哺乳类动物才是由雄大雌小模式主导的。它们无论从个体数量还是物种数量上来看都少得可怜，两性差异也不够显著，雄性最大也不超过雌性 8 倍大小[110]。但作为少数派的我们依然可以宣称，“高等生物”不屑与“低等生物”站在同一阵营。我们注重质量而非数量，但何为高等，何为低等，何为物种的胜利，何为生命的意义，我们无法解答。

不管是雄大雌小还是雌大雄小，在绝大部分物种中，雌性和雄性的体形都呈现二态性，其根本原因在于两性利益和最佳策略不同。雌性追求的是给娃找一个或几个好爹，雄性追求的是多找几个配偶和防止被绿。普遍来说，雌性的最佳交配频率和配偶数低于雄性，雄性承受的性选择压力大于雌性，因此雄性的外形演化更快。每种生物都要在自然历史发展中艰难地杀出一条血路，前进过程中两性间的相爱相杀也从未停止。只有一个例外，严格的一夫一妻制动物达成了终极和解，它们同时是对方所有孩子的父亲或母亲，它们的爱情里没有私利，因此一夫一妻制动物雌雄两性的差异是所有动物中最小的。

通常认为，自然选择作用于两性的方向是一致的，要么大家一起变大，要么一起变小，它倾向于减小两性差异。相对于雌性，雄性之间的差异更大，面临选择时总是首当其冲，处于两个极端的雄性在变动环境中更容易被筛选掉，因此两性差异会逐渐减小。但也有学者提出相反观点，认为自然选择也可能会增加两性差异，比如，怀孕的母蚊子食血，公蚊子食素。食血固然能提供更多营养，但也更可能被拍死，与其大家冒着生命危险一起竞争十分有限的血资源，不如让不需要生孩子的公蚊子去吸植物。然而，虽然食谱扩大，能降低种内竞争，却增加了种间竞争。此假说遭到了很多质疑，因为我们无法证明究竟是两性差异先出现的，还是食性分化先出现的。

20世纪50年代，动物学家伯纳德·伦施（Bernard Rensch）提出了伦施法则[111, 112]，解释两性外形差异（体形大或小）。他发现了一个趋势，在雄大雌小的生物中，体重越大的生物，两性差异越大，在雌大雄小的生物中，体重越大的生物，两性差异越小。也就是说，生物在逐渐变大的过程中，雄性变大得更快。为什么会这样？这就要从两性为什么想变大说起了。

如果体形增大对雌性的好处比对雄性的更大，雌性就会大于雄性。举个例子，雌性昆虫的生育力和体形有强烈的正相关，吃得越多，长得越肥，生得越多。给雄性多吃一口饭，创造出的价值比雌性小，那么这一口饭就留给雌性吃了。雄性摄入一些能量保持自己的性器官就可以了，吃太多不是浪费吗？雄性昆虫不仅吃得少，长得小，吃进去的是草，吐出来的则是供配偶大人消费的蛋白质丰富的精子囊，而且有时候还要献上自己的肉体，彻底沦为被性奴役的劳工。

相反，如果体形增大对雄性的好处比对雌性的更大，雄性就会大于雌性。举个例子，哺乳动物虽然生育力和体形有微弱的正相关，但雌性靠长大个儿来多生孩子毕竟不现实。不过对雄性而言，体形大的好处就多了，既可以打败同性，还可以强迫异性发生性行为，于是它们铆足了劲猛吃猛长，甚至不惜推迟性成熟。结果也是显而易见的，体形大的雄性哺乳动物，在性选择上占尽优势，拥有更多后代。

雌雄两性针对大小博弈主要有三股力量。第一，生育力选择，雌性体形越大，生育力越高，但随着物种的体形增大，生育力选择会减弱。大型物种中雌性体形增大的边际收益递减。第二，性选择，体形大的雄性更可能赢得配偶。第三，生存率选择，小的生物更不容易灭绝。体形大意味着发育期长，虽然成年的个体体形越大越安全，但生物被捕食主要发生于成年之前，延长的生长期无疑提高了死亡风险。体形越大，吃得越多，一旦食物短缺，个高的先死。再者，发育期长说明性成熟晚，别人都儿孙绕膝了，它们还没找着对象，不能为繁育事业尽一份力。最后，就算生物选择不延长发育期，而是加快生长速度，依然会增加死亡率。因为需要增加食物摄入量才能快速长大，可觅食之路危机四伏。所以，“生存率选择”偏爱小的个体[113]。

为什么大型生物的“生育力选择”的边际收益会减弱？本人推测，这是因为提高后代存活率比增加后代数量更有利可图。在一个稳定的环境中，资源有限，要么个体小、寿命短、数量多，要么个体大、寿命长、数量少。为了保持种群数量稳定，生物追求的是平均每一对夫妻可以养育一对活到成年的后代。那么，昆虫为什么不能骄傲地说我要注重质量？因为昆虫的后代质量再高，依旧所有动物都可以吃它们，所以只能多生。而大型动物天敌较少，且雄性可以参与到抚养后代的过程中来，降低幼崽死亡率。

而两性博弈体形大的一方占优势，随着物种平均体形的提升，雄性的体形要比雌性更快地增加。母权衰落，父权崛起，雄性对雌性的强迫性行为更可能发生。

四、你强迫了她，便伤害了她

强迫性行为比我们想象中发生得更频繁。如果在生活中留心观察，不难发现这样的场景：树林间，一只鸟对另一只鸟穷追不舍；厨房里，一只苍蝇紧跟着另一只苍蝇不放；公园里，一只狗追着另一只狗试图强行骑跨。强迫性行为“亚文化”存在于几乎所有物种中。所有个体都抗拒强迫性行为，但在绝大部分物种中，雄性的交配欲望高于雌性，雌性往往不成比例地沦为强迫性行为的受害者。学界研究的强迫性行为集中在雄性对雌性，这不意味着雄性强迫雄性或雌性强迫雌性不存在，只不过不如雄性强迫雌性那么随处可见而已。雌性强迫雄性更是比较少见。

细角黾蝽生长在水中，雄性会趴在雌性背上交配，雌性的生殖器有一扇小门，不愿意交配的时候不会开门，而且会使劲把雄性甩下去。雄性破门而入的技巧不够高深，竟然想出杀敌一千、自损八百的阴招。他们爬到雌性背上疯狂地性骚扰，用脚在水面上荡起波纹，捕食者感知到了信号，就会快速过来捕食。如果悲剧真的发生，雄性会率先逃走，留雌性挡刀，所以雌性一旦觉察到他们的小心思，为了防止丢命，便会妥协与其交配[117]。

蝴蝶也不容易，雌性蝴蝶羽化之后才开始交配，为此雄性甚至会守在茧上，一旦雌性破茧，便第一时间交配，哪怕这是违背雌性意愿的[118]。有时，情场里的落败者还会对异物种发起攻击[68]。

强迫性行为之所以在动物界广泛存在，是因为它确实对雄性有好处，哪怕雌性承受了极高的代价。由于雌性承担了绝大部分生育责任，她们在择偶游戏中是选择者，雄性只能以极低的姿态去迎合雌性：有的雌性喜欢漂亮的，那我长帅一点；有的雌性喜欢会打架的，那我能打一点；有的雌性喜欢跳舞好的，那我就去练跳舞；有的雌性是吃货，我就跋山涉水去给她找吃的[114]。

但雄性自然不满足于做被挑选者。在他们的内部争斗中，胜利者会大大限制失败者的交配权。极端情况下，他们会咬掉失败者的生殖器，这和杀了他们没什么两样。但这仍然无法改变胜利者在面对雌性时的被选择姿态。雄性体制内的蛋糕分完了，如果还想要更多，只能去抢雌性的蛋糕。最有利于个体的生存策略是：我想干什么就可以干什么，想和谁交配就和谁交配，你不愿意，那我就强迫你。

雄性的最佳强迫性行为策略是：我可以强迫别人配偶发生性行为，但别人不能强迫我的配偶发生性行为。可这种策略用脚趾头想都是很难成功的。雄性分配在生殖上的能量有限，却需要操心三件事：第一，正大光明地娶配偶；第二，保护配偶不受性骚扰；第三，强迫别人的配偶发生性行为。

但不是所有雄性都迷恋强迫性行为。强迫性行为对于整个种群而言是不好的，因为雌性选择有助于整个种群筛选优质基因，强迫性行为破坏了规则。同时，强迫性行为可能会带来雌性的器质性损伤，导致种群内可繁殖的雌性数量减少。雄性蜘蛛在强迫性行为中，毒牙会伤害雌性[115]，雄性赫尔曼陆龟会用自己的尾巴硬插雌性，造成她们生殖器损伤[116]。

强迫性行为率的升高还会导致娶妻成本和保护配偶的成本上升。进一步推理，桃花多的雄性的利益增长，要小于没有桃花的雄性的利益增长。对于没有桃花的雄性来说，强迫性行为带来的是从无到有的质变，对于求偶相对轻松的优质雄性，强迫性行为的边际收益则较低。

因此，处于权力上层的雄性经常会公开表示，为了种族的繁荣，不能发生强迫性行为，并惩戒那些越轨的下层雄性。但很难说，私下里，他们是否同样严于律己。

强者如果不受约束，就会剥削弱者。

第六章

雄性弱者的反抗

LOVE AND SEX *in* THE ANIMAL KINGDOM

一、地位高的雄性，睾丸更小？

强与弱，并无定数，宏观视角里的强者可能是微观视角里的弱者。

尽管有研究发现，地位高的雄性堤岸田鼠拥有更大的睾丸与质量更高的精子。这可能是因为地位高的雄性吃得更好，所以有更充足的能量发育生殖器官，他们的体重也的确更重一些[128]。但这种“强者得到所有，弱者一无所有”的状况并不普适，弱者有办法打破强者制定的规则吗？

求偶需要考虑方方面面，总不免顾此失彼，很多性状之间此消彼长，不可得兼。

蓝鳃太阳鱼群体中的地主占少数，但 20% 的地主霸占了几乎所有的资源。雌性对他们投怀送抱，对 80% 没有房的流浪汉却不屑一顾。小偷体形娇小，根本无法通过武力对抗，赢得伴侣，几乎只能靠寄生来短暂地享受性行为。地主家有娇妻，随时都可以啪，小偷却需要花费大量时间搜寻正在交配的夫妻。大部分时候地主可以独享美鱼，保证孩子都是自己的，只有 10% 的时间他们会正面遭遇小偷。而小偷每次交配都是在和地主竞争，因此他们必须产生更多、更快、更持久的精子来增加自己微小的当爹概率[119]。雄性啊，最贵的除了脑子就是睾丸了，小偷的睾丸身体比（睾丸 / 身体）远大于地主，可收益率却远远低于他们。

由于地主阶级拥有交配优势，保护后宫与增大睾丸相比，前者更有利可图，而小偷的每一次交配都来之不易，必须好好珍惜，所以他们拥有更大的睾丸身体比，以期赢得精子竞争[1]。

大西洋鲑群体里有早熟的“老王”（小型鲑鱼）和晚熟的“老公”（溯河洄游型鲑鱼）两种雄鱼。老王体形远小于老公，只有对方体重的 0.15%。晚熟的老公放弃了早交配的机会，选择多吃东西长身体，等强壮了再去求偶，而老王则等不及，早熟可以早交配。但是，雌性喜欢体形更大、拥有巢穴的雄性，于是老王会悄悄地潜伏在鱼夫妇交欢的场所，找准时机排出精子，让漂浮在海里的卵子受精。由于老王每次都会遇上精子竞争，因而睾丸相对身体比重远高于老公[120]。不仅如此，老王的精子还速度更快、寿命更长，小小的老王收割了多多的孩子[121]。

雄性三棘刺鱼在被捕食风险高的时候会降低求偶频率，为了更好的未来，甘愿在当下压抑自己的欲望。但是在繁殖期快结束的时候，哪怕再危险，他们还是要殊死一搏，因为再不拼搏就老了[122]。

交配前选择与交配后选择提供了两种不同的筛选标准。交配前选择的重要标准是打架能力和帅气程度，打架能力高、社会地位高，更容易赢得配偶。然而在很多物种中，交配后选择同样重要，精子数量、质量和社会地位呈现负相关，人们通常认为这是战败者最后的挣扎。如果对象找不到，精子质量又不行，就只能等着绝后了。自然选择和性选择不止有一个标准。如果你在最为大众接受的那一个标准下垫底，不要紧，你依然有机会。但如果你在所有标准下都垫底，则必定不能存活。

同物种的雄性未必都长得一样，有的是同基因不同外形，有的则连基因型也不同。外形差异是表象，更深层的是整个生存和生殖方式的差异。

同样的基因在不同的环境下会朝着“正”“邪”两个方向发展。以甲虫为例，如果发育期食物不充足，雄性甲虫身形矮小，就无法长出带有攻击性的角，因为只有身长超过阈值，才会触发角的生长。可要走正路赢得配偶，必须用角来进攻和防守。没有角，意味着他只能走邪路[123]。

实验人员给一批甲虫亲兄弟，分别投喂充足的和极其有限的食物，和预期一样，食物充足的甲虫骄傲地晃动着坚硬的角，而那些不幸没有被选中的50%则蜷缩在角落里。

雄性甲虫擅挖地道，金屋藏娇，有角的甲虫守在门口，大有“一夫当关，万夫莫开”的气势。但光荣的战场之下，有一群没有雄风的甲虫，在阴暗中开旁门左道。雌性躲在老公修筑的安乐窝里，老王却悄无声息地凿穿了墙壁，围堵雌性交配。

这些情场里的落败者，用被人不齿的方式传递着自己的基因。

鄙夷他们，也许是因为我们总把自己代入到有角的甲虫身上。

对于这些有角的甲虫，虽然不能选择出生的境地，但好歹在命运轮盘中走了一遭。尽管也有遭到饥荒当场扑街的可能，但至少保留了日后成长为人生赢家的可能，至少他们的基因是这么相信的。

而有些老王连相信的机会都没有了。他们和老公的基因不一样，对生活的掌控力又差了一层，带有浓烈的悲剧色彩。

本书第一章描写的流苏鹬雄性有三种形态，分别是老公、普通老王与长得和雌性一样的老王[124]。老公拥有正常的娶妻生子的生活，普通老王是老公的仆人，只能趁老公不注意给他戴绿帽子，类雌老王会装作雌性接近老公及其配偶们，伺机行动。

他们生下来，命就确定了。

普通老王相对老公的基因是常染色体显性，类雌老王相比其他两类雄性则是超显性基因，只要携带了该基因，表现出来就是雌性外貌。类雌老王是杂合子，其后代有一半都携带了该基因。如果携带了该基因的后代是雄性，就长得和雌性一样。如果是雌性，就比普通的雌性更矮小一些。而老公、普通老王和普通雌性都不会生下类雌的后代[124]。

老王是天生的偷窃者。

相比于以上二类老王的隐忍，有一类雄性能在老公和老王两个身份间自如切换，他们能屈能伸，亦正亦邪，被绿过，也绿过他人，嫉妒也豁达。

热爱社交的绿“邻”好汉蓝鳃太阳鱼，喜欢聚集在一个地方交配，每条雄鱼占一个坑，招徕走过路过的雌鱼。他们热衷于去邻居家串门，尤其是在隔壁欢好的时候。如果家里有娃，准爸爸们会精心守护自己的卵，降低祸害邻居的频率，可那些有房的单身鱼则经常肆无忌惮地破坏邻居的好事[125]。这份自由，是流苏鹬苦求不得的。

老王被简单分为几类：一类是终生老王，他们要么一辈子泯灭自己的良心，要么改邪却不能归正；一类是散漫派老王，他们拥有对生活有限的掌控，想爱就爱，想绿就绿；一类是成长期老王，少年时体形小，只能做老王。成年后才具备了充分竞争的体形。

但无论如何，老王居无定所、老无所依、求欢而不得、求安稳而不能，所到之处尽遭正派人士冷眼，跻身社会边缘。如果老王活着果真有这么大的劣势，他们为什么不被淘汰？

事实上，后天选择做老王的个体们做了一个“理性”的抉择。如果不幸出生在贫瘠的地方，营养不良，身材短小，那么做老王的收益比做老公大。相反，如果食物充足，长的倍儿快，当老公才是最好的选择，且体形越大越所向披靡。

不论是做老公还是做老王，他们选择的都是当下的最优解。

再来看那些无力选择的，命运早已画出了分布图，不管是老公还是老王，他们在群体中的比例越高，适应度越低。

如果群体中所有雄性都做老公，那么老公间的竞争将十分激烈，处于底层的老公有极大的可能追求不到雌性，此时，如果他们改变策略，选择做老王，由于几乎所有老公都没有防备，老王一上一个准。于是，老公们纷纷下岗转做老王，直到达到平衡点。

假如所有雄性都是老王，没有老公可以让老王占便宜，所有老王的收益就是零。此时，只有老王转行做老公，才能获得收益，于是老王纷纷金盆洗手，合法经营，直到达到平衡点[126]。

平衡点在哪儿？看环境。如果地理位置优越，繁殖洞穴竞争不激烈，雄性会更倾向于本分地当老公。相反，若资源太紧缺，环境就会逼良为盗。如果甲虫出生在丰年，那个个都可以长大角，相反，如果食物匮乏，则活下去才是第一位的。

一切价值的参照系是环境，可这个参照系却不断变化，我们不仅无法控制环境，甚至不能预测，构筑于其上的价值体系就更加难以预料了。演化只能针对已发生的事情做反应，它永远比环境变化慢一步。同一件事，今天是好，明天可能是坏。

站在老公的角度看，打击老王是维持世界秩序。站在老王的角度看，用非常规手段获取配偶是反抗剥削、反对垄断。道德劣势不过是立场不同。

试想一下，你既不知道你所属的物种在生物界全景图中处在什么位置，也不知道自己在所属物种中处在什么位置。即使大概知晓了概率分布，你仍然不知道自己落在哪个区间。精神上无可依托，物质上还有随时被毁灭的风险，但“弱者们”未必觉得惨。

德瓦尔在《黑猩猩的政治》一书中描述了这样一个场景，排名老二和老三的雄性黑猩猩联合起来，咬掉了头领黑猩猩的睾丸，并导致其死亡。其中一只获胜的黑猩猩成为新的头领，却遭遇了一样的命运，被围攻至死[127]。强者要维护住自己的强势地位不容易。

二、大叔的精子好，还是小鲜肉的好？

除了对于武力值和精子的权衡，社会地位和精子间也存在权衡的需要。通常年长的雄性社会地位更高，但是精子质量却变差了。

精液质量随年龄增长显著下降——精子变慢、变少、死得早，这三者共同导致了中年男性不育。研究发现，50 岁的男性相比 30 岁男性，精液体积最多会下降 22%，精子速度最多下降 37%，精子奇形怪状率最多升高 18%，怀孕困难率最高是后者的 2.5 倍[129]。未婚未育男中年们紧张地捂住了裆，库存的精子晚节不保。

不仅如此，由于精子生产速率降低和各器官的衰老，性生活频率也会随着年华老去显著降低。比如，老公鸡的性生活质量远低于年轻公鸡，年轻公鸡夜夜都可寻欢作乐，老公鸡却心有余而力不足，一周发奋一次都有些勉强。

你以为这就结束了吗？不，怀孕困难，多劳动几次就够了，而基因出“bug”神也救不了。精原细胞经过一系列的分裂增殖、分化变形，形成精子。年龄越大，精原细胞经历的分裂次数越多，也越有可能产生突变、染色体异常等。绝大多数突变都是有害的，而这种有害突变，要么造成配偶流产，要么潜伏在下一代体内，指不定哪天给予致命一击。

为了研究确认到底是大叔的精子好还是小鲜肉的精子好，研究人员人工授精了波斑鸨，这样一来就去除了精子之外的变量干扰。结果显示，大叔的后代比鲜肉的后代破蛋率低，幼鸟生长速率低，重量轻。这表明大叔精子质量堪忧，至少在短期内会给后代带来不利影响。这种影响很可能和生殖细胞 DNA 老化相关[130]。

不仅如此，大叔还比小鲜肉更容易传染性传播疾病。从人类的数据上看，不论男女，生殖器疱疹发生率都随着年龄增长而增长，小鲜肉们由于性经历和性伴侣有限，感染的概率最小，而从 20 岁到 30 岁，感染率飞速提升[131]。

精子的中年危机也给了中年雄性一记闷棍。如此看来，小鲜肉完胜大叔。然而事实并非如此，当搜索“雌性喜欢年轻雄性”时，出来的结果却都是“为什么雌性喜欢年长的雄性”。在满眼的大叔优势论中，我只发现寥寥几篇文章，底气不足地支持着小鲜肉，而且这些文章大都不是基于实验，而是基于计算机模型。其中一个简单模型是如果精子染色体突变率会随着年龄增长而提高，而染色体突变会降低后代质量，则雌性会偏爱更年轻的雄性[132]。

另一个模型考虑了更多因素，如果雄性青春期前死亡率很低，但是成年后死亡率高，则雌性会偏爱年长的雄性。这是因为年长的雄性证明了自己长寿，更可能携带长寿相关的基因。如果和他们生孩子，后代也可能携带这种基因，活得更久。而如果选择了小鲜肉，则无法筛选出长寿基因。

雌性需要选择好基因，如果这个基因在雄性年轻时就十分明显，她便不必等到他们老去。可大多数时候，年轻人之间的差距，小于中年人之间的差距，赌上一支潜力股风险大，挑选一支绩优股成本高。

相反，如果雄性青春期前死亡率很高，但成年后死亡率低，那么雌性会偏爱年轻的雄性。因为活到青春期的雄性已经是成功的少数派，此时做出选择和等他们老了再做出选择，并无多大差别。而且，年长雄性生殖系统老化，如果没有其他优势加持，在相亲市场上是不吃香的[133]。

可很多时候，时间教给你的，超越了肉体上的衰老。

最直接的体现是，社会地位和年龄是正相关的[134]。这可能是由于年长雄性更了解社会运转机制，从而占据了管理者地位；也可能是由于，地位低的雄性根本活不到中年。社会地位又和物资供给、精神状态正相关，这两点在雌性择偶过程中很被看重。雌性同样看重的歌唱、舞蹈能力，也需要经年累月的练习。

年龄带来的优势不仅是地位，还有操纵同类的能力。近年来有一些学者发现，已婚雌鸟出轨大叔，结果疑似被骗[135]。因为有的大叔既不能给予物质帮助，精子质量还烂得一塌糊涂，导致私生子老生病。学者认为，大叔要么在哄骗雌性上是一把好手，要么在强迫雌性上手段高明。可怜那些雌鸟，明明是亏本买卖，却因年幼无知倒在大叔的床上，惹得学者大声疾呼，交配前一定要擦亮双眼。

一个理性的雌性应该在雄性精子质量下降和整体实力增强间做出取舍。雌性的择偶偏好不尽相同，有的喜欢会唱歌的，有的喜欢会打架的，每一种能力随年龄增长的曲线不同，这些差异可以促进雌性错峰择偶。但最优质的雄性难免会有多个雌性争抢，竞争不过就只能退而求其次。如若不是这样，天下的光棍不知又会增加多少。

年老雄性在精子比拼中是弱者，但可以凭交配前实力的强大进行突围，年轻雄性在社会经验比拼中是弱者，却可以凭借精子质量来反抗年老雄性的社会霸权，强弱并不是一成不变。

三、照顾了容貌，却影响了性生活

在一个看脸、看身材的世界里，爱美却不一定是件好事。有时候爱美让你赢得了交配前选择，却让你不自觉地输掉了交配后选择。

曾经在英国逛药妆店看到一则治秃头的广告，我拉着药剂师说我也要治，结果她神秘地说，这种药只能给男人吃。于是在我脑中，治头秃的药暗中和壮阳药发生了某种联系。

多年以后偶然看到一篇文章，才知道了治头秃的药的确会影响性生活，只不过很不幸，是朝着相反的方向。

研究人员使用非那雄胺治疗雄激素性脱发，一共招募了 1553 个志愿者，治疗组和安慰剂对照组相比，掉头发的速率显著减慢，接受治疗后，一位男士的地中海有了明显改善 [136]。然而是药三分毒，正当广大秃顶人士为此消息欢欣雀跃之时，潜在的副作用被揭露出来。

一名男性服用非那雄胺多年，他的配偶却一直没办法怀孕，经检查发现其精子 DNA 断裂指数升高。

忧心忡忡的医生立即让他停止服用非那雄胺，停用半年后，精子 DNA 断裂指数降为之前的一半，只是还未能自然怀孕，可能需要更长时间恢复 [137]。此后，非那雄胺对男性生育能力的负面影响继续被揭露。

备孕男士的精子遗传物质异常、精子运动速率慢、无精症等不容易被发现，但另一件尴尬的事情也会困扰他们。

那就是不举。

一项有 2342 人参与的研究表明，服用非那雄胺的人里，有 3.1% 性欲降低、6.8% 不举、2.3% 射精障碍。吃了非那雄胺导致性生活受影响的人里面，性生活频率（包括自己解决）从每月 25.8 次降低到 8.8 次。研究人员解释，之前频率这么高，是因为很多年轻男性每天至少要自己解决一次 [138]。

秃头药并不是我们发现的唯一一种会影响男性性生活的药，

另一种臭名昭著、泌尿科医生闻之色变的药是蛋白同化雄性激素类固醇（简称 AAS）。部分健身人士和运动员会滥用这种药物，因为可以帮助长肌肉。美国有 3%～12% 的男性高中运动员，30%～75% 的男性大学运动员用过 AAS[139]。

早在 1984 年，世界最权威医学期刊《柳叶刀》在寻找男用避孕药的时候就盯上了 AAS。AAS 那时已经在运动员群体中使用了 20 年，它能够促进肌肉生长，并且没有发现明显的副作用。研究发现，睾酮可以降低精子的生产速率，但是由于种种原因，临床用睾酮避孕效果不理想，研究人员四处搜寻替代物，AAS 就是他们找到的一类替代物。

实验效果是惊人的。给 5 名志愿者肌肉注射 AAS 满 13 个星期，研究者发现，在接受治疗的 7～13 周内，就有人没有精子了。这种无精状况在接受最后一次注射后还会维持 4～14 个星期，不过性欲和性能力并没有改变[140]。这也给男用避孕药的开发提供了启示。

但是，只有 5 名志愿者的实验在统计学上肯定是没有说服力的。1989 年的一项研究招募了 41 个使用过 AAS 的志愿者，有些人的使用剂量甚至超过临床推荐量 40 倍，其中 5 人精子数量低于正常值，24 个志愿者精子数量在正常值内但偏低，精子运动速度低，形态异常比例高。所幸这种生殖副作用是可逆的，部分志愿者停药 4 个月后，精子水平恢复了正常[141]。

除了精子减少，性欲降低和不举作为男性雄风不再的指示针也从不迟到。部分 AAS 使用者经历了性欲降低和勃起功能障碍[142]。

然而，不是所有人的生殖能力都能恢复。一个 34 岁的男性曾有 5 年使用 AAS 的经历，他一共尝试过 5 种，有些是注射的，有些是口服的。停药后多年，他仍有性欲降低和不育的苦恼。夫妻二人去生殖中心做了检查，他身形极其健壮，肌肉发达，然而睾丸萎缩，精液中没有精子。经历了复杂的治疗，他的精子水平才稍有回升[139]。

既然有这些副作用，男性为什么还要吃药治疗头秃和增肌呢？因为可以更有吸引力吗？

韩国的研究人员做了一项问卷调查，试图搞清楚秃头是否真的会降低性吸引力。一共有 130 位女性、90 位未秃男性和 30 位秃头男性回复了问卷。90% 的回答者认为，秃头男看起来更老、缺乏吸引力，女性如此回答的比例显著高于未秃男性组。秃头男性认为，秃头男看起来不自信，这样回答的比例显著高于未秃男性组。

结果表明，秃头确实会影响男性寻找配偶，从而增加了他们的心理负担[143]。相比之下，秃头给年轻男性带来的困扰大于年长男性。这可能是因为多数年轻男性还没有结婚，颜值比较重要。结婚生子后，性选择对男性的外貌就没有那么挑剔了。

人类的审美不可避免地被媒体宣传所影响，但毛发在不少物种里确实挺重要。雄狮鬃毛的成色可以反映自身营养水平和睾酮含量，毛质好的雄狮更容易找到配偶，毛越长，说明自己实力越强，别人就不敢轻易来挑战了[144]。

但这一切都是有代价的，在炎热的非洲，长毛很热。这或许和孔雀的长尾巴一样，是一个诚实的信号。

除了毛发，还有哪些身体特征会影响找对象呢？

1984 年的一则调查显示，男性的自信和以下三者最具相关性：外形迷人程度、上肢力量以及身体状况。女性的自信和性魅力、体重、身体状况最具相关性[145]。

2012 年的另一项研究则加入了男女互评。志愿者需要在电脑上操作一个 3D 模型，设计出自己理想中的男性和女性身材。研究人员的预期是，男性心中的理想女性身材比女性心中的罩杯更大，且更丰腴一些，男性心中的理想男性身材比女性心中的肌肉更大。因为以前有研究显示，针对男性受众的杂志，侧重展现男人的肌肉，女人的胸；针对女性受众的杂志，侧重展现苗条的女人。

然而实验结果却相反，男性和女性的偏好很一致：希望女性瘦，有迷人的身体曲线；希望男性高大，有倒三角身材，腰和屁股小。男性的三个特质都和肌肉大小的直接关系不大。女性心中的理想女性的身材指数是身高体重指数（BMI）18.9，腰臀比（WHR）为 0.7，腰胸比（WCR）为 0.67；男性心中的理想女性身材指数也是身高体重指数为 18.9，腰臀比为 0.70，腰胸比为 0.67。然而 40 个女性志愿者里面，只有一个人的身高体重指数低于 18.9。

男性心中的理想男性的身材指数是，身高体重指数为 25.9，腰臀比为0.87，腰胸比为0.74；女性心中的理想男性的身材指数则是身高体重指数为24.5，腰臀比为0.86，腰胸比为0.77，也差别不大[146]。

研究人员认为，这可能是因为性吸引力是由异性来评价的，我们需要清楚地知道自己在异性眼中魅力几何，然后去寻找匹配的对象，否则总是被拒绝，很浪费能量。另外，也可能是因为理想中的男性、女性形象是被主流媒体塑造的，我们无意识地接受了这个概念，哪怕极瘦的女性容易月经不规律，甚至生育能力受影响。

适当的肌肉是吸引配偶的加分项。研究人员给女性被试看男性背影图像，分别有瘦子、胖子、中等身材、肌肉男。女性评分最高的是肌肉男，其次是中等身材[147]。但是肌肉男不好定义，有比较匀称的肌肉就算？还是练到施瓦辛格那样才算？部分肌肉男甚至可能会让女性感到攻击性过强。

那么，吃药增肌是不是违背了健身的初衷呢？哈佛的一项心理学实验招募了82个本科男生，分为两组，给其中一组看肌肉男照片，另一组看不带有指向性的照片，然后分别填写调查问卷，写下自己现在的肌肉发达程度，以及想要达到的肌肉程度。研究人员发现，看了肌肉男照片的男生，肌肉期待值和他们现有肌肉值的差距显著高于对照组。这说明，仅仅是看了一张图片就可能让人变得不自信，去追求更多的肌肉[148]，而我们每天都会看到无数这样的广告。

为了帅气的外形，宁愿牺牲部分生殖能力的事情在动物中并不鲜见。在资源有限的情况下，生存、性感、精子质量像是一个永恒的三角形，不可能三个点同时达到顶峰。

脸和身高不容易改变，相比之下，增肌更容易实现，背后还可以贴上自律的标签。不过使用类固醇的肌肉男将陷入困境，好不容易长出健壮的肌肉，赢得了交配机会，可却没有精子，不能传递自己的基因[149]。这被称为“英斯曼－佩西悖论”①。也许在健身房默默举铁的他们，感动的不是女孩，而是他们自己。

肌肉发达程度直接影响打架能力，毛发的茂密程度影响了雄性的威严（竖起毛发显得自己比较大，秃头就小一些），可是增肌和增发的药却会影响精子质量。这是典型的交配前和交配后权衡，得到一些东西的同时就要放弃一些东西。肌肉上的强者也许是精子竞争中的弱者。

四、年轻鸡不会做，中年鸡不想做

开始做博士课题之前，我一直以为没有雄性会对性事漠不关心。我的实验对象是原鸡，公鸡残暴生猛的性冲动让人厌恶。做了两年实验我才发现，其实每次屁颠屁颠跑来交配的总是那几只

① 英斯曼－佩西悖论（Mossman–Pacey Paradox）：雄性为提高性吸引力可能需要以牺牲生育力为代价。

公鸡，大部分公鸡要么在做哲学式漫步，要么在教训别的公鸡，以巩固自己的社会地位。那时我第一次意识到，性研究领域，我们自动忽略了那些不渴望交配的大多数。我们误以为积极寻求性满足才是常态，执着的单身贵族只是求性不得，无奈对生活妥协，哪怕他们看起来确实活得很滋润。

设想一下，如果一辈子接触不到异性，我们是否会习惯自己的身体？那时候我们会不会认为那些成天被性欲折磨的人才是病态，因为我们不理解为什么他们躁动不安。性只有在传宗接代时才有意义，因为性产生结果（后代），我们习惯于用结果定义价值。但在任意一个时间切面，不考虑时间纵深，性都没有意义。

我第一次让一群新成年的处男鸡接触母鸡时，公鸡啪的一下把自己弹飞了，惊恐地四下逃避。

“为什么这只鸡和我们想得不一样？”

这是我首次意识到，性是一种潜能而非本能，不经后天的学习无法获得。中年母鸡自如地穿梭在一群乱窜的公鸡中间，隔壁鸡舍的中年公鸡看到这个景象，愤怒地讲起黄色笑话，而我的新任务竟然是教一群小公鸡交配。

我将一只经验丰富的中年公鸡扔进鸡群，他精力充沛地跃上母鸡脊背，几秒内干净利索地完事。为了防止这只公鸡阻止年轻鸡交配，我抱走了他，他愤怒地踹了我好几脚。但那些处男鸡还是没什么反应，也许他们不懂刚才发生了什么。好在年轻鸡善于模仿与尝试，虽然十分笨拙。有一只鸡蹑手蹑脚地跑到母鸡面前，羞涩地咬了一下她的鸡冠。鸡冠是母鸡的性器官，越大越红越性感。公鸡交配的第一步就是咬住母鸡的鸡冠。

咬了之后这只公鸡觉得很爽，便又多咬了几口，看到他这么爽，其他的公鸡也跃跃欲试。母鸡遇到突如其来的性骚扰开始四处奔跑，有公鸡试图踩到母鸡背上，被一脚掀翻。暧昧的气氛在鸡群中蔓延，点燃了荷尔蒙。这群懵懂的公鸡尝到了一点甜头，却苦于掌握不到交配的诀窍。他们无一例外地被年长的母鸡抖落身下。

年轻鸡只能靠自己去探索。每一只技巧娴熟的公鸡都有一段被摔得惨不忍睹的过去。但只有约三分之一的公鸡胸腔里燃烧着欲火，蠢蠢欲动。剩下的三分之二则闹中取静，不为所动。原本我以为他们只是胆小，直到我认真观察中年鸡，发现每次打头阵的也不外乎那么三分之一的公鸡，但由于他们强烈的进攻，给我造成了一种错觉，仿佛所有的公鸡都热血偾张。如果公鸡的性欲呈正态分布，那么大部分的公鸡其实是佛系交配，来了就交配，没来也不要紧，而被我挑选入实验组中的被身体欲望支配的公鸡只是被看见的少数派。正如秀恩爱的只是少部分人，我们却仿佛受到了全世界的暴击。

其实，就连那激进的三分之一，也未必总处于兴奋状态。他们的性欲像脆弱的潮水，快冲到脚边的瞬间，又无力地坍塌回去。实验狂魔王大可贪婪地榨干他们每一滴精液，疲惫的中年鸡一只脚踏在母鸡背上，歪着脑袋，直视着我的眼睛："一定要做吗？我

年轻鸡不会做，中年鸡不想做。
欲望被过度填满，“鸡生”反而空虚了。

累了。”“你以为每一只鸡都有能力一天交配 50 次吗？不要用极端情况代替大多数。”

年轻鸡不会做，中年鸡不想做。狂野的中年鸡发现，欲望被过度填满，鸡生反而空虚了。有母鸡在卧，不交配好像不划算，交配又费力气，鸡生在纠结中轮回反复，无论选择何者，都不会满意。直到我移走母鸡，没有选择了，他们才能最终获得鸡生的平静。年轻鸡正缓步迈进自然设定的陷阱，沉浸于初次性交的狂喜之中，等待他们的也许是一条无法挣脱的锁链。

在更高的层次，不仅生殖相关的部分有权衡，生殖系统和其他系统也有权衡。

精子竞争的核心是更多、更快、更强，但生物不可能无限度地投入繁殖。一来，生物从环境中获取的能量有限；二来，繁殖的前提是活着，所以生物必须要拿一部分能量来建设自身。繁衍对于生物个体而言，弊大于利。交配极为消耗能量，也加剧了疾病传播与被捕食的风险。交配于雄性而言，增加了争夺配偶打斗致死的风险，于雌性而言，增加了被强奸致死和难产死亡的风险。仿佛生命狂欢唯一的回报便是短时间内大量多巴胺的释放，而为了一瞬间的欢愉，生物却承受了长时间的寻觅快乐而不得的痛苦。但生命脱离了繁衍，活着好像也并无意义。

即便如此，生物还是要在“无意义”上构筑生活。生物谨慎地平衡地给自身和后代分配能量，各个系统都渴望更多能量，就像各个部门都渴望更大的权力、更多的收入。在物质匮乏的时候，生物若投资了更多能量在免疫系统上，就会少投资些能量在生殖系统上。同样，生物的生长速率、运动能力和寿命都和生殖负相关。这就给了那些传统竞争中的弱者以机会，使用寥寥无几的交配次数弯道超车。

五、生殖还是生存，这是个难题

如果生殖和生存有了矛盾，生物会怎么选？

免疫系统的提升可能以牺牲精子活性为代价。在食物限量供应的实验条件下，将雄性太平洋野地蟋蟀分为两组，一组在幼年期注射细菌引起炎症反应，一组不进行任何操作。性成熟后，发现经历炎症反应的雄蟋蟀抗菌免疫系统显著提高，然而精子活性却显著低于没做任何处理的蟋蟀[150]。

处男生长速率更快。马耳他钩虾在成功交配前，雄性需要抱住雌性在水中漂浮几天，直到雌性排卵。此过程耗时耗力，雄性因此减少了许多进食机会。为了研究处男和有性接触的雄性之间生长速率的差异，研究人员设计了一个实验。实验分为两组，一组全是雄性，另一组雌雄比为2:1，结果发现第二组中的雄性绝大部分时间都在抱着雌性。实验结束后，纵欲的雄性比禁欲的雄性轻了45%[151]。

肌肉和卵巢之间也有权衡。东南田蟋蟀有两种形态：能飞的长翅型与不能飞的短翅型。两种形态的雌性蟋蟀在相同时间内增长的体重相当。然而，长翅型把更多的能量分配到了翅膀肌肉上，运动能力更强。短翅型把更多能量分配到了卵巢发育上，生育能力更强[152]。

不仅投资在生育上的能量有限，在生育中分配给不同功能的能量也有限。生物需要从两个方面权衡：第一，分配多少能量于当下，多少能量于未来；第二，分配多少能量用于让自己更容易赢得配偶（交配前选择），多少能量用于让自己交配后更容易成功繁殖（交配后选择）。

当下与未来，过度偏重哪一方面都是不好的。假设分配过多能量给现在，声色犬马无所不尽其极，就可能会因消耗过多能量导致早衰。啪的时候不利于防御捕食者，过度享乐容易被吃，采花过多，疾病缠身也容易导致早亡，享受了当下却失去了未来。但如果一味投资未来，为了长身体不去找对象，纵然身体健康强壮，但是你不知道明天和意外哪一个先到，可能还没有繁衍后代就挂掉了。

分配的能量侧重于赢得配偶还是成功交配，则根据动物的社会地位不同而有不同的策略。地位低的雄性在争取配偶时会遭遇更激烈的竞争，所以用了更多能量在产生精子上，以提高交配的成功率。

在生孩子的时间上，动物也面临一个两难抉择，是今天生孩子还是以后生孩子？如果今天生孩子，就需要把身体资源挪一部分给性和生育，风险是死亡概率增大。因为自身健康水平下降，寿命减短，最后还会导致未来生育水平降低，但好处是今天孩子已经生下来了，就算明天自己死了，起码没有绝后。而未来再生孩子的好处是今天不用承担生育的额外风险，可以好好享受生活，坏处是万一明天死了就真的玩完了。

更有甚者，为了繁殖放弃了自己的未来。由于精子的投入过大和巨大的压力，雄性宽足袋鼩一度过激烈而短暂的繁殖季，就会死亡，这被称作自杀式繁殖。宽足袋鼩繁殖季非常短暂，雌性宽足袋鼩几乎会和她周围所有能交配的雄性交配，这样一来雄性的压力非常大，他需要以难以想象的强度去交配，由于他长期处于压力状态下，大量消耗身体，久而久之身体入不敷出，免疫系统崩溃，繁殖季一过，单薄的身躯就无法再支撑他的生命。这使得雄性坠入一个恶性循环，没有一个雄性能活到第二个繁殖季，所以他们疯狂交配，但又因为他们疯狂交配，所以没有一个雄性能活到第二个繁殖季[154]。

一个个体所占有的资源有限，它需要维持身体正常运转，体细胞复制精准不出错（否则就癌变了），免疫系统能强势抵御外界病原体，等等，该分配多少资源给生育实在是一个难题。在众多物种中，生育和生存都是负相关的，于是一心想着长生不老的人类把目光放在了去除生殖细胞和生殖腺上[155, 156]。

研究人员发现，去除线虫的生殖细胞可以显著延长寿命。他们敲除了线虫生殖细胞相关基因，如 glp-1，使其不产生或几乎不产生生殖前体细胞。生殖前体细胞是能够不断分裂和分化成生殖细胞的干细胞，生殖细胞的缺失可以使线虫寿命延长 60%。当研究人员诱导生殖前体细胞相关基因发生突变，使其不断增殖却不分化，结果过多的生殖细胞缩短了线虫寿命。另一方面，虽然大幅减少生殖细胞可以延长线虫寿命，但移除生殖腺却抵消了这种作用，也许是因为生殖腺还在信号通路中起作用。研究人员推测，线虫寿命延长是因为生殖细胞分裂分化太耗费能量，而没有了生殖的压力，线虫可以更加注重个体发展[157]。

但果蝇的寿命却没有因为生殖细胞的剔除而显著增加。相反，没有生殖细胞的雌果蝇寿命不增反减，空空的卵巢中长满了过度增殖的体细胞。没有生殖细胞的雄果蝇的寿命与正常雄果蝇并无显著差异或仅有微小的提高。研究人员认为，这可能是因为果蝇和线虫在保持“生育－生存”平衡上有不一样的调控机制，也可能生育和生存并不总要争个你死我活，也能追求共同进步（也就是说人类不能通过自宫来延长寿命了）[158]。

对于生育和生存的关系，不仅物种间有差异，两性间也有差异。研究人员发现，去除卵巢的雌性小鼠寿命显著低于对照组（没有切除卵巢的假手术）且衰老加速，而切除睾丸的雄性小鼠寿命显著高于对照组。研究人员推测，这可能是因为雌激素拥有抗炎效果，卵巢切除之后没有雌激素来源，炎症分子积累加速了衰老[159]。生殖系统和我们携手走过多年风雨，粗暴地分开自然会带来许多负面效果。

二甲双胍（Metformin）从20世纪60年代起被用作对抗二型糖尿病的降糖药。近年来，科学家发现二甲双胍还可做抗癌药和长寿药使用。有研究认为，二甲双胍可以延缓衰老和减少与衰老相关疾病的发生。在中年小鼠的饮食中长期加入低剂量的二甲双胍，可以让小鼠腰不酸、腿不疼、干活不累、吃嘛嘛香，取得的效果和低卡路里饮食（被认为能延缓衰老）类似。目前，各种衰老指标，如氧化压力和炎症反应都有了年轻化的趋势[160]，这一研究也就变得更重要了。

二甲双胍的使用虽然有利于生存，却不利于生殖，因为它可能会减小睾丸的重量。小鼠开始妊娠的前13天（相当于人的前3个月）是胎儿睾丸发育的关键期。研究人员让一组怀孕的小鼠妈妈每天喝二甲双胍直到怀孕第13天，并正常生产，随后研究人员处死新生儿并称量睾丸重量。实验结果显示，喝了二甲双胍的小鼠生育的雄性后代有较小的睾丸，所以，可以认为二甲双胍抑制了生育[161]。但二甲双胍是否真的能延缓衰老，延缓衰老的原因是否和抑制生育有关，还需要更多的研究证实。

由此，我们可以得知，雄性取得外在的胜利可能会降低其内在的精子能力，低等级雄性来了一次弯道超车，暗地里创造了一条新规则，反抗高等雄性的生殖霸权。

生殖与生存的矛盾困扰着动物，也困扰着人，但这种矛盾也揭示出自然界在筛选标准上的多样性。即使是社会等级中的上位者或力量对比下的强者也不得不经受另一重标准的考验。

第七章

雌性的反抗

LOVE AND SEX *in* THE ANIMAL KINGDOM

一、如果性别是流动的

如果你可以自由选择性别，你会选什么？

雌雄同体的动物体内有两套生殖系统，大部分情况下，当妈成本高，搞的是基础建设，当爹成本低，搞的是投机倒把。出于利益的驱动，能当爹就不当妈。雌雄同体的动物们在互交的过程中可以两手准备，虽然一心只想插别人，但如果自己不幸被插，也能坦然接受。

伪角扁虫热衷丁丁击剑术，它们以打架替代调情，缠绵 20 分钟至 1 小时只为征服对方。它们挥舞着突出的丁丁，一剑一剑往对方身上刺，毫不留情，同时还要巧妙地躲避对方的攻击[162]。

经过若干回合的战斗，其中一只伪角扁虫找准时机，狠狠地刺了下去。被插的伪角扁虫被死死地按在了石头上，无处逃遁，但它不屈从于命运，正伺机把自己的丁丁插入对方体内。互插的情况时有发生，但是首插的伪角扁虫插的时间更长，传输的精子更多，仍然具有显著优势。伪角扁虫不喜欢被插其实还有一个原因，就是会被插出洞。

雌雄同体的动物们的另一种交配方式不需要打架，但是会放暗箭。庭园蜗牛心机深重，信奉一手交钱一手交货。两只蜗牛同时将丁丁插入对方身体，但事情还远远没有结束。公平交易纵然美好，作弊的好处却立竿见影。交配快要结束的时候，一只蜗牛偷偷竖起暗箭朝对方刺去。暗箭是黏液包裹的钙质硬刺，被刺中的一方会显著储存更多对方的精子。因为精子是高蛋白，在公平性爱中，收到精子的蜗牛未必把精子全用来受精自己的卵子，而是悄悄消化一部分。这个公开的秘密自然招致了许多不满，于是蜗牛演化出了暗箭，争夺生殖主动权，刺激对方有效利用精子[163]。

除了终生雌雄同体还有在生命不同阶段拥有不同性别的雌雄同体。比如，裂唇鱼的鱼生梦想就是变成雄性。群体中雌性多于雄性且雌性比雄性成熟早，有科学家认为，群体中的雄鱼皆由雌鱼转变而来。它们的小群体通常由一只雄性和若干雌性组成，雄性是群体中最年长、最强壮的个体（皇帝），负责保卫家园，同时最强壮的雌性作为皇后统领后宫嫔妃们。可惜皇帝不仅要抵御外敌，还要防止自己的配偶篡位。如果皇后打败了凶猛的外族雄性，就可以获得晋升——变成雄性，买房娶妻生子，走向人生巅峰。皇帝还需要防着自己的配偶弑君，当群体中的雄性死亡或被人为移除后，皇后会在短短几天内变性，登上皇位。皇帝死后一个半小时，皇后即展现出雄性特有的进攻性表演。短短几个小时后，他就临幸了曾经的好姐妹。但皇后也并不总是能成功变性，总有一些雄性在国家大乱之际，乘虚而入，夺得皇权，继续把皇后踩在脚底下[164]。

雌性，是弱者吗？

二、月经可能是个 bug？

在生理层面，雌性为生育承担了太多，鸟类不管交不交配，都要定时下蛋，下蛋不仅容易难产，蛋碎还可能危及母体生命。哺乳动物则不仅要冒着生命危险生孩子，不受精的时候还可能来月经，比如人。

地球上的物种数量以百万计，其中哺乳动物却只有 5502 种，生为哺乳动物已经是小概率事件。几乎只有哺乳动物需要怀孕生孩子，只有怀孕需要受精卵着床，而只有具备这一系列生理机制才会来月经。但在哺乳动物中，目前只发现有 78 种灵长类、4 种蝙蝠、2 种啮齿类会来月经，仅占哺乳动物的 1.5%[165]。

月经的独特性，不仅在于其在生物种群中发生概率极低，更在于从生理层面上看，月经根本不是一个常规操作。

什么是常规操作？比如，所有有性生殖的动物都需要排卵，排卵就是一个必不可少的常规操作；精子需要和卵子结合，受精就是一个常规操作。但周期性流血却很难说有什么必然性。

绝大多数会来月经的动物都是人类的近亲。这一方面说明，月经是很晚才出现的；另一方面则表明，月经没有经历强烈的趋同演化，即不同的物种并未分别演化出具有类似功能的器官或生理活动。

这些因素让我们不得不怀疑，月经的出现可能是个“bug”。你能想象这样的情景吗？一只母兔子一路溜达，屁股一路滴血，直到被捕食者盯上，她哭着告饶说，今天月经痛跑不动，能不能改日再战。

有理由推测，自然界里来月经的哺乳动物大概都被吃光了。而人类之所以能边来着月经边存活下来，必然是有光环护体。

什么光环呢？最重要的原因可能是驯化植物、驯化动物、合作捕猎等，使人类的生存率大大提高了，所以这个小“bug”不足以抵消人类实力的增长。

那么，为什么流血的“bug”没有在时间的长河中被淘汰呢？从理论上说，不来月经不容易发生感染，生存概率更高。一旦有人基因突变摆脱了月经，同时保拥有正常生孩子的功能，经过多代筛选，来月经的个体就会被淘汰了。

另外，在前工业社会，女性处于不断的妊娠和哺乳期中，没有像当代女性那么频繁地来月经，因此月经不算一个终极大“bug”。针对西非多贡妇女的一项研究表明，当地育龄女性平均每年只来一次月经[166]。

月经在多贡人中是一种禁忌，女性需要到特定的月经小屋去处理经血。经血通常带有负面的神秘色彩，这一现象源于古代社会的文化背景。生殖崇拜普遍存在于先民之中，因为没有生殖崇

月经的出现可能是个 bug。难以想象来月经的母兔一路溜达一路滴血，还哭着向捕食者告饶：“能不能改日再战？”

拜的社会，恐怕都无法延续到今天。

对古代女性而言，月经意味着没有怀孕，身体疼痛。在没有卫生棉和自来水的时代，清洁很麻烦，月经也容易引发其他疾病。对于男性而言，月经则意味着不能啪啪啪。因此，女性初潮后就要张罗着嫁人，这样就可以不来月经了。

回到生物学问题。看到前面叙述动物月经的段落，饲养狗的读者可能会有疑问：为什么会来姨妈的物种列表里没有狗？《生命中不能承受之轻》里描述，小狗卡列宁，每半年来一次月经，每次持续两周。我一直把它当作科学事实，并在我家狗费尽心机地把血擦在我裤腿上之后深信不疑。直到查阅文献才发现，狗的流血和大姨妈没有半点关系。

大姨妈是子宫内膜周期性增厚，以方便着床，并在没有受精卵的情况下，内膜收缩脱落导致流血。而狗的血不来自子宫，而来自阴道。

为什么阴道要周期性流血呢？不知道。人的月经都没研究清楚，自然没什么人去研究狗的月经。

目前仅知的是，狗的流血开始于一个生殖周期之初，通常持续一周，随后进入排卵期，部分狗在排卵期仍会流血，过了几个月再重复这个周期。也就是说，狗的流血是公开显示自己发情，而非昭示此刻不宜交配[167]。

那么，为什么其他哺乳动物不流血呢？它们的子宫内膜不周期性脱落吗？答案是大部分哺乳动物的子宫内膜还是脱落的，但是它们的身体把脱落的内膜和血液吸收了，像人这样鲜血淋漓的例子非常少见[168]。

为此，科学家们大开脑洞，积极建立“流血有用假说”。最著名的是1993年的一篇文章，宣称排血就是排毒[169]。排的是什么毒呢？文章称是“精毒”。

文章非常准确地捕捉到雄性精液含有多种病原体这一事实，认为精液会污染雌性生殖道。文章至此都是科学可信的，但随即又以民科的口吻写道，经血和血管中的血液不同，血管中的血液有凝血因子，而经血中则没有，所以女性经期源源不断地流血。另外，排卵期雌性的性生活最为活跃，这也意味着排卵期之后，雌性生殖道内的细菌病毒最多，所以需要用经血排毒。

文章还认为，经血排毒有两种机制：第一种是物理排毒，被精毒侵染的内膜脱落以排毒；第二种是免疫排毒，经血中有大量免疫物质，可以杀毒。基于以上两点，所有的哺乳动物都应该排毒，唯一的差异只是血是否可见。

但随即就有学者赶来打脸，并举了生动形象的例子——你会为了给手消毒就划开一个口子让血哗哗地流吗？而且事实正相反，新鲜血液是顶级的培养基，可以孕育一片细菌的森林。月经不仅不能排毒，经期还更容易感染，需要额外注意卫生。

之后，每当有研究月经的文献问世，都要顺带把这个假说遛一遍。不过以前有一位教授对我说，做科学研究的，怎么能害怕出错！要知道，科学是从极有限的小样本中推出普适性的规律，错误是常态，对了才是运气好。如果一定要有百分之百把握才发表文章，那么所有学术杂志都该倒闭了。

关于月经的必要性，善于从经济学偷理论的演化学家又提出一个假说——子宫内膜的周期性增厚与脱落是符合经济学原理的。

他们认为，做好着床准备的子宫内膜中有丰富的血管，旺盛地燃烧着能量。如果把能量比作金钱，那也就是说，这时的子宫太烧钱了。如果子宫内膜没有周期性变化，内膜就必须长期保持在高度烧钱状态，否则受精卵无法正常着床。有周期性变化的话，只需要在排卵期之后的一小段时间内烧钱，其余大部分时间则处于待机状态，能量上的节省战胜了内膜更替带来的血液损失[166]。

然而，就算我们同意能量的节省非常可观，周期性掉肉掉血依旧不是一个明智的策略。子宫内膜为什么不能像丁丁一样，不需要的时候就安静地平躺在子宫里，需要的时候就充血变大，迎接受精卵的到来？

这样一来，既不需要脱落也不用流血，重复使用、环保节能，响应新时代号召。为什么造物主把这么机智的设计给了雄性，让他们不用忍受丁丁周期性脱落和重生的痛苦，却对雌性动物这么吝啬？

最近，学者又提出了新的假设，来解释为什么子宫内膜非脱落不可——因为子宫可以感知胚胎的质量，流产掉不健康的胚胎[170]。

但月经是仅次于生孩子和下蛋的酷刑。即使子宫内膜要脱落，为什么我们不能像其他哺乳动物那样，让身体悄无声息地重新吸收脱落的内膜？明明有一百种方法可以不流血，为什么非要选择最惨痛的那种？

某个学者紧皱着眉头，说："大概是个 bug 吧。"其他学者附和道："对，对，我们也觉得是个 bug。"[171]。

三、雌性对雄性的操纵——权力的反转

在上述例子中，雌性承担了太多，而事实上，承担者通常有能力反选合作者。尽管雌性生殖成本高，但她们几乎不会缺少交配对象，而且对配偶的外在容貌与内在基因质量都有考察。而雄性虽然在生育上的投入成本低，但求偶花的力气却不少。实际上，如果雌性在交配前有较大的选择配偶的权力，她们会倾向于和基因质量高的雄性交配。如果分不清雄性的质量，她们可以和多个雄性交配，精子最强的雄性可以让她们受孕。但如果雌性经常被强奸，交配前选择就很弱了，在这种情况下该怎么办呢？答案是，还有交配后选择！

1983 年，兰迪·桑希尔（Randy Thornhill）发现了隐秘雌性选择[172]，许多物种的雌性拥有储存精子的器官，她们可以选择性储存和使用某一个或某几个雄性的精子，排出或消化掉不喜欢的雄性强行射入的精子，即使不小心受孕了，母亲的怨恨也可能使

胚胎死亡或营养不良。

雌性对雄性的操纵不仅于此，雌性选择会间接推动雄性精子的演化。果蝇拥有巨大的精子，最出名的二裂果蝇的精子长度约是体长的 20 倍。研究表明，大精子可能是雌性生殖道选择的结果，雌性的储精管偏爱长的精子，于是雄性被迫加入了这场无休止的战争。

此外，雌性还可以主动控制交配与受精进程。雌性孔雀鱼偏爱类胡萝卜素色素丰富的雄性，雌性会通过延长交配时间让这类雄性传递更多精子[175]。公蝎蛉向母蝎蛉求爱必须要带上礼物——高营养的食物球，球大，交配时间就长；球小，吃完了母蝎蛉就一脚把公蝎蛉踹开。不仅如此，她们还偏爱体形大的雄性，即使接受了小蝎蛉的礼物，让谁当爹这事还是不能马虎的，大蝎蛉更有可能使她们受精。

如果雄性必须取悦雌性才能达成自己的交配目的，那么就不得不说另一个让科学家也浮想联翩的现象——雌性高潮，这是否也是雌性选择的一部分呢？由于我们无法采访动物，不能定义她们的高潮，因而针对这个话题的讨论就主要落在了女性高潮上。

女性高潮和怀孕并没有什么关系（至少现在暂未发现）。女性在异性性行为中很少有高潮，60%～80% 的女性不能稳定地从异性性交中高潮，有 10% 的女性从未体验过高潮，故学者推测女性高潮和男性乳头一样无用[174，175]，可能只是男性高潮的副产物。因为阴茎和阴蒂同源，阴蒂刺激包揽了大部分的女性高潮[176]，但阴蒂刺激与怀孕并无关系。也有假说认为，人类的祖先还是需要诱导排卵的，雄性只有服务到位了，引起雌性高潮，才可以获得奖赏。但在演化的过程中，人类逐渐变为了自发排卵，女性高潮便没有作用了，但也没有危害，所以仍然存在[178]。相反的假说认为，女性高潮带来的生殖道剧烈收缩可以增加精子利用率，减少精子流失，帮助精子进入宫颈。高潮带来的催乳素分泌可能促进精子获能，这些都可以增加受精概率[177]。但这些假说并未被实验证实。

那雌性的体液就真的对交配行为一点影响都没有吗？

睛斑扁隆头鱼的卵巢液可以影响不同雄性精子的受精概率。我们在前文中多次讲到，雄性可以分为两类，一类是筑巢求偶的老公，一类是专门偷袭的老王。卵巢液可以提高老公和老王的精子运动速度和成功概率，但是对老公精子的促进更大，这意味着雌性主动选择了老公阶级并为其大开后门[179]。

在动物界，强迫性行为是普遍现象，如果强迫性行为发生的成本过低，阻止它的发生就变得极为困难。在这种条件下，雌性演化出了一整套防止强奸产子的系统，在一定程度上实现了权力的反转。

第一招：把有强奸意图的雄性往死里打，必要时可以把他吃掉。

“生物学第一定律”是多挨几次打就老实了。但这只适用于雌性比雄性大的生物，雌性可以暴力反抗；或者存在于由雌性长者领导的母权社会，谁敢强奸，就会被族长驱逐出境。

不过，道高一尺魔高一丈，即使雌性体形更大，更有战斗优势，有些物种中的雄性也能发展出满足自身需要的策略。比如，雌蝎子喜食雄蝎子，雄蝎子无法抑制交配冲动，就只能以身犯险。为了降低被吃掉的风险，雄蝎子会给雌蝎子注射小剂量的毒液，这种毒液通常用来麻醉小型猎物，待雌性不省人事之时，行苟且之事[180]。

第二招：关闭生殖器。

雌性细角黾蝽的生殖器有一扇小门，遇到不喜欢的雄性就会关闭小门，拒绝交配[117]。

第三招：雇个保镖。

如果自己的身体不够强壮，家族中的雌性也不够有权力，就只能雇一个保镖。这个保镖通常是自己的老公，他天然地不愿意别人强奸自己的配偶，在这一点上和雌性是利益共同体。母鸡在被性骚扰的时候就会主动寻求老公的帮助[181]。

但把自己的安危寄托在别人身上，终究是不牢靠的，即使防得了外人强奸，也防不了婚内强奸。再者说，保护配偶并不是雄性唯一感兴趣的事情，他们时常消极怠工，或跑去追求其他雌性，或贪吃误事。

雇保镖的初衷是用交配权换保护。你不保护我，我就不和你交配，主动权掌握在雌性手中，但雄性可以采取固定策略——强奸落单的雌性。如此一来，雌性不得不寻求雄性保护，保护变成刚需，雄性就有了更多讨价还价的筹码。

第四招：强奸了也不让你的精子成功。

靠别人不如靠自己。如果强奸很难避免，那么就把强奸带来的伤害降到最低。雌性形成了体内的精子筛选通道，可以把不喜欢的雄性精子从阴道里挤出去，把喜欢的雄性精子存起来慢慢用。被喜欢的雄性更有可能当爹。但雄性同样有对策，他们可以使用精液蛋白提高自己的精子储存率。

第五招：选择性堕胎。

雌性并不是交配完就可以让卵子受精，她们会让精子长时间地在生殖道内游荡，即使最后哪个精子幸运地冲破重重阻碍和卵子结合了，雌性也可以根据自己的偏好进行选择性堕胎。可怜的受精卵无法着床，还面临被母体重吸收的风险，这种特殊的流产机制在蝙蝠中被发现过[184]。但雄性却利用了雌性的流产机制，会强迫再婚的雌性流掉前夫的孩子，尽快进入生育期[185]。

第六招：遗弃孩子。

时间越往后，对雌性的伤害越大。如果之前的重重保护都不能让雌性捍卫自己的生育权，雌性在生产之后就更有可能遗弃和不喜欢的雄性生的孩子[186]，但雌性的生育代价远大于雄性，遗弃在大多数情况下不是最优解。

四、对强迫说“No”

爱情和和美美？不，两性间的权力争夺从来没有停止。

鸭子的大丁丁之所以是螺旋形的，可能和高频的强迫性行为有关[105]。因为母鸭子的阴道是螺旋形的，为了找到卵子并与之结合，公鸭子也演化出了螺旋形的丁丁。但道高一尺魔高一丈，母鸭子紧接着演化出了迷宫一样的螺旋形阴道，就算公鸭子插进去了，也未必找得到正确的路径。那么母鸭子阴道为什么这么复杂呢？因为强奸率高，不能阻止强奸，但可以阻止你当孩子爹。不过拥有这样复杂的阴道代价也很大，丁丁进入体内越多，越容易造成雌性的内脏损伤，内脏损伤的结果通常是死亡。再者，接触面积越大，传染疾病风险也越高[64]。

那么现在问题来了，鸭子是怎么交配的呢？

答案是：丁丁是软的，具有流体的性质，对准之后，丁丁会像弹簧一样弹进母鸭子体内，平均耗时仅 0.36 秒，随即射精，之后 1 秒钟就可以收回[64]。丁丁可以自由探索母鸭阴道，并根据地形调整方向。丁丁进得越深，精子排放的地方越深，就更有可能当爹。但母鸭子阴道是顺时针螺旋形，公鸭子丁丁是逆时针螺旋形，所以从理论上来说它们是不匹配的。丧心病狂的科学家设计了如下几个装置，来观察丁丁是怎样在阴道里进退自如的[64]。他们设计了四种容器，第一种是直的，实验结果表明公鸭子可以收缩自如，虽然有时候丁丁会收不回去，但这就是长的代价；第二种是和公鸭丁丁一致的逆时针螺旋状的，一切顺利；第三种是模仿阴道的顺时针螺旋状；第四种是 135 度大回转，因为母鸭子生殖道入口处有一个大转弯。

如果你在路上看到两只鸭子尴尬地卡住了，千万别硬拉。哈哈。

前两种是轻松模式，直管很顺利，逆时针螺旋也很顺利。后两种则是地狱模式，成功率只有 25%。公鸭子在模拟阴道环境的顺时针螺旋状的管子里卡住了，在 135 度钝角管内又卡住了。

母鸭子的身体就是公鸭子的地狱，而公鸭子却以为进入了天堂。母鸭子生殖道入口处的 135 度大转折足以掰断丁丁，阴道螺旋方向和丁丁螺旋方向相反，会让公鸭子弹不进去也抽不出来。母鸭子冷笑一声，没有我的配合，你还是别做梦了。所以，如果你在路上看到两只鸭子尴尬地卡住了，别硬拉。

强奸行为于种群总体利益有损，因为其一，这使雌性死亡率增加，可产生的后代数量减少；其二，雌性选择是性选择的关键步骤，可以优化种群质量，但强奸违背了雌性意愿，降低了后代质量。

雌性对雄性的性骚扰也很有办法，主要是避免正面冲突，避开潜在侵害者。在三文鱼洄游的日子，棕熊可以饱餐一顿，但公共场合可能遭遇咸猪手。母棕熊生完娃的头两年内对交配完全没有兴趣，一心一意奶孩子，可是公棕熊不乐意了，撩妹撩了半天没回应。为了使雌性快速进入发情期，公棕熊采取了一种凶狠但常见的手段——杀婴。丧儿后，母棕熊可以快速进入生殖状态，为杀娃仇人生儿育女。为了避免这种情况，母棕熊惹不起便躲，降低去热门捕食地的概率，转而跑到更偏远、三文鱼更稀少的地段。尽管母亲的体重有所降低，娃长得也不够肥，但是好歹躲开了汹涌的熊流，保全了娃的性命[195]。

雄性孔雀鱼色彩斑斓，哪怕捕食者近视了，也能迅速捕捉到他们。相比之下，低调的雌性要安全得多。浅海区域捕食者较少，深水区域被捕食风险更大，但雄性孔雀鱼并没有绅士地将安全的浅水区送给雌性，而是牢牢把守着浅海领地，毕竟总归是自己的命比较值钱。话说，两性都会争夺安全的地盘，但为什么雌性却更大比例地在深水区域呢？研究人员发现，雄性热衷于性骚扰，为了躲避精虫上脑的雄性，雌性退到了更危险但雄性不太敢靠近的领地[196]。

两性的斗争不仅表现在强迫性行为与反抗强迫性性行为上，也表现在对彼此生理节律和受精成功与否的影响上。雄性的精子质量在一天中持续变化，而变化很可能是为了和雌性排卵的节律一致，使受精概率最大化。

五、女性在晚上排卵，母鸡在早上下蛋？

人类会在一天中的特定时间排卵吗？据一些消息说，大部分女性都在晚上排卵，但我认为这也许只是因为大部分测排卵期的女性都是在晚上做这件事的。更何况，测排卵期的试纸有一天误差，无法精确到白天还是黑夜。

最严谨的做法是到医院做 B 超，但等到挂号排队检查结束，回家已经没有力气造人了，不具有可行性，最终广大备孕女性只能在半科学半玄学的指导下榨干老公。

既然女性排卵期飘忽不定，研究人员不可避免地把目光集中在了男性身上。他们倔强地认为，男性的身体受某种神秘节律的支配，一天之中精子质量和数量在有规律地变化着。

1999 年的一项研究认为，男性在傍晚的精子质量比清晨的精子质量高[189]，但 2018 年的另一项研究说，不对不对，早上的精子才更活力充沛[190]。尽管双方争执不下，但这两项研究都有一个共同点，数据都来源于不孕不育中心。

还有一项研究好歹收集到了正常备孕夫妇的数据。听到可以免费测精子质量，430 对情侣或夫妻积极参与了研究，但研究人员接下来的操作吓退了大部分参与者。他们希望男性参与者可以穿上能测睾丸温度的内裤，揭示其一天内的温度变化历程，大部分男性以不方便为由拒绝了。只有 60 位勇敢的男士为科学贡献了自己的力量。结果显示，晚上的睾温略高于白天，睾温越低，精子浓度越高[191]。这微弱地暗示了一日之计在于晨，但些微的统计优势对于个体基本没有指导意义。

这些研究没有办法表明究竟是男性跟着女性的节律调整，还是相反，尽管通常是更想交配的一方去顺着异性的节律变化。

与研究人相比，研究鸡就简单多了。母鸡公鸡放一窝，装个 24 小时摄像头就知道它们什么时候更活跃了。结果显示，它们的交配曲线出现了一个早高峰和一个晚高峰。这是为什么呢？

因为母鸡喜欢在早上和中午下蛋。下蛋和生孩子是类似的过程，下蛋前后交配，受精概率很低，所以母鸡会决绝地摆出一副公鸡勿近的姿态，公鸡也识趣地走开了。等到傍晚时分，大部分母鸡已经无蛋一身轻，抖擞精神准备排卵交配了。

根据“万有节律定律”，仿佛人类也应该集中在一个时刻生产。土耳其一家医院的数据显示，凌晨 24 点到次日早上 6 点，孩子出生率最低，其他时间差异不大。

这可能是因为以前女性在半夜生产是不安全的，黑灯瞎火不易操作，还会打扰到熟睡的家人。尽管现代医疗让人类可以想什么时候生就什么时候生，但这个史前遗留习惯还是为妇产科夜班医护人员减负了不少[192]。

至于为什么母鸡喜欢在早上和中午下蛋，还没有科学家深入研究过这个问题。我认为，要么这个时间下蛋在演化学上有优势，要么母鸡受限于生理结构，不得不如此。那么早上、中午下蛋真的会更安全吗？首先，白天的捕食者多于晚上，试想母鸡正满脸通红地下蛋，好巧不巧来了捕食者，跑还是不跑？如果决定跑路，已经拉出来的半个蛋是该缩回去还是拉出来？其次，即使下蛋的时候没有捕食者，母鸡出门觅食，留守的鸡蛋被蛇吃了怎么办？

唯一能想到的优势就是，早上和中午下蛋能降低蛋碎在体内的风险。蛋在生出来之前才会覆盖上由软变硬的壳，剧烈运动有可能会使蛋碎在体内。如果蛋壳刺穿了产道和内脏，母鸡会以最痛苦的方式死去，母鸡的生命显然比蛋更重要。早上相对悠闲，母鸡可以安心地下完蛋再出门，否则下午在外面带球劳作太辛苦，摔一跤可能就把娃摔碎了，到点了还可能面临找不到窝下蛋的困境。

母鸡的下蛋节律直接影响了公鸡的生理冲动。

母鸡拥有储精管，交配一次，精子可以用十几天，因此她们素来对交配是极为排斥的。下蛋后母鸡会咯咯叫，告诉意图不轨的公鸡，现在实在不是个交配的好时候，反正我不想交配，就算你强迫我，也当不了孩子他爹，别白费力气了。久而久之，公鸡听到母鸡咯咯叫就自动没有性欲了。

于是，公鸡不得不调整了自己的交配策略，他们选择在日落时发起猛攻，这时老蛋已经产出，新蛋正在孕育，是最好的交配时间。此时，公鸡不仅最为活跃，产生的精子数量也是一天里面最多的[193]。从早上母鸡睡醒到开始下蛋的一小段时间，虽不是最佳的受精时段，但一些公鸡也按捺不住，所以清晨也有一个小高峰。这时候的精子虽然不能直达未来新蛋受精的地方，但可以暂时储存在储精管中。母鸡下蛋后若没有再次交配，就会启用储精管里的精子。

可公鸡间的竞争集中在晚上，使母鸡不堪其扰。

92% 的交配行为是由公鸡发起的，这其中大多数情况下，母鸡是拒绝交配的，然而拒绝大多无用。公鸡的性别比越高，性骚扰情况越严重。母鸡偶尔会主动邀请中意的公鸡交配，对母鸡来说，傍晚交配受精概率最大，和喜欢的公鸡交配最开心，两者同时发生，鸡生就完美了。

在公鸡数量少的群体中，母鸡经常能如愿邀请公鸡共度良宵，但如果处于公鸡数量多于母鸡的群体中，母鸡一旦在傍晚表现出对公鸡的挑逗，一群公鸡就会像饿狼扑食一样攫住母鸡，自己的意中人可能根本打不过那群精虫上脑的公鸡。

母鸡只能见到公鸡就躲，转而选择在公鸡性欲普遍不够狂暴的早晨，悄悄地和情郎私会，把精子储存在体内以备不时之需[194]。

生殖权力体现在能不能根据自己的意愿交配，母鸡的下蛋期极大地操控了公鸡的性行为，公鸡肆无忌惮的强奸又极大地操纵了母鸡的交配权，母鸡从体力上无法和公鸡抗衡，但体内却有储精管最后把关，争夺生育主动权。

两性的争斗从未停止，但有趣的是，一方永远不能完全战胜另一方，因为你中有我，我中有你。

争夺交配权和生育权为什么这么重要？

因为，这些生殖权的背后是生存权——优先享用资源的权力。两性谁在其中发挥的作用更大，谁掌握主动权，对应的权力就更大。或许更值得注意的是，生殖权还很大程度地影响了演化方向和未来的权力格局。

选对象和家畜育种一个道理，雌性如果有权力，便可以持续选择顺从、爱带娃的雄性，经过多代的培育，雄性会变得越来越任劳任怨，雌性的权力则越来越大。相反，雄性如果有权力，他就可以持续选择顺从、忠贞的雌性，经过多代的选择，雌性会以夫为纲，争立贞节牌坊，雄性的权力则越来越大[187]。

性是权力的原因，也是权力的结果。上一代会基于两性权力结构，争夺交配权和生育权，争夺的结果又决定了后代的性别权力格局。

个体的暴力，让体形小的雌性无力反抗强奸。演化产生的制度的暴力，则能让母权社会的强奸者无处遁逃。性暴力的背后是性别权力失衡。近年来有学者提出，暴力不是获得权力的唯一途径，不可被掠夺的资源和知识在其中也起到至关重要的作用。设想一雌一雄生活在孤岛，只有雌性知道哪里可以找到食物和水源，即使雄性从力量上远胜于雌性，他也无法轻易侵犯[188]。

弱者的反抗扭转了规则制定权，雌性的身体是最后一道防线。然而，反抗一个性别对另一个性别的压迫，发展到极端，就成了另一种压迫。

珍蝶

超过90%的雌性珍蝶都感染了沃尔巴克氏体，一代代雌生雌，导致雄性几乎绝迹。在别的节肢动物中，都是雄性带着食物追求雌性，在这种蝴蝶中却遍地可见举着食物求交配的雌性。

狐猴

雌密氏倭狐猴为了抵御雄性的性骚扰，组成了睡觉联盟，睡觉团的雌猴通常有血缘关系，她们十分珍惜舒适安全的巢穴，所以联合起来抵抗其他生物的抢占。

老虎

患有社交厌恶症的成年老虎有一件事是不能逃避的，那就是交配。一想到要和平时十分嫌弃的同类零距离接触，老虎们的额头就拧巴在了一起。

海鸦

一种密集繁殖的海鸦在丧失亲生孩子后会表现出收养的冲动，有时会把附近其他同类的蛋滚回自己窝里。

非洲獴

年长雌性非洲獴地位更高，她们会限制年轻雌性生育，没有遵循长幼次序的雌性会被惩罚，她们的孩子也可能被吃掉。

裂唇鱼

裂唇鱼的鱼生梦想就是从雌性变成雄性，买房娶妻生子，走向人生巅峰。

第八章

母权社会下的新压迫

LOVE AND SEX in THE ANIMAL KINGDOM

一、母权社会的性与爱

在母权社会中，雄性确实也经历着父权社会下雌性遭遇的不公。

在斑鬣狗的母权社会中，家族内所有的雌性地位高于雄性，雌性更大、更重、更具有攻击性，在吃饭的时候享有优先权。斑鬣狗的社会等级明显，社会等级高的妈妈，生育的后代数量更多，她的孩子吃饭的时候也享有优先权，雌性后代成年后更可能成为社会等级高的家族成员[199]。

当然，鬣狗最出名的不是母权社会，而是雌性长出了和雄性丁丁外观类似的假丁丁，假丁丁实际上是雌性增大的阴蒂，可以勃起却不能射精。更神奇的是，母鬣狗甚至发育出了假的阴囊。

母鬣狗交配的时候，需要先把假丁丁收回腹内，公鬣狗的丁丁再从母鬣狗的假丁丁中插进去。如果母鬣狗不缩回假丁丁，公鬣狗是无法强迫交配的。

生孩子是初产妈妈的噩梦，孩子需要从假丁丁中通过，60%的头胎婴儿卡在假丁丁里出不来，有些胎儿会窒息而死。成功生产的妈妈的假丁丁会有不同程度的撕裂，方便生二胎。

既然假丁丁这么费事，到底有什么作用呢？对此有两种假说。第一种假说认为，假丁丁没什么作用，只是演化的副产物。但问题是假丁丁分量不轻，代价很大，为什么没被淘汰？第二种假说认为，舔（假）丁丁是鬣狗特有的问候仪式，就和人类的鞠躬一样，地位低的向地位高的鞠躬，表示臣服。69% 的舔丁仪式发生在雌性之间，19% 发生在雄性之间，12% 出现在雌性与雄性之间（且大部分是涉世未深的未成年雄性），所以这个仪式没有很大的性暗示意味。

舔假丁丁在鬣狗社会中很普遍，如果双方有地位差别，通常由地位低的舔地位高的，如果地位差不多，则双方会友好地互舔。但和鞠躬不一样的是，不是所有鬣狗都有资格舔女王的假丁丁，女王殿下只对地位最高的几只雌性、偶尔还有地位最高的雄性抬起自己高贵的左腿。舔女王假丁丁是上流社会的特权，表示女王瞧得起你，雌性为了争夺这项特权不遗余力。

舔假丁丁有两个好处，一是可以准确地知道自己的社会地位，二是可以增强信任，利于群体稳定。

母亲们会从小训练孩子互相舔丁丁，然而熊孩子下手不知轻重，可能造成严重的事故。同理，女王如果把假丁丁放在敌人嘴巴里，保不准直接就被扯烂了。我把最脆弱的地方开放给你，说明我信任你。个体自私让位于群体利益的关键一环就是信任[200]。这种信任建立的方式在动物世界并不少见，黑猩猩也会把手指放到对方口里，断指的黑猩猩将失去生存能力，但我相信你不会伤害我。

倭黑猩猩也是母权社会，这些人类近亲最出名的是和人类相比有过之而无不及的羞耻戏码。猩猩们会花费大量时间进行性活动，不论性别，不分年龄，都可以啪，性行为也完美地融入日常生活，成为茶余饭后的玩资。高兴了啪一下，不高兴了啪一下，合作之前啪一下，竞争之前啪一下，仇人变朋友，一啪解千愁[201]。

处于发情期的雌性倭黑猩猩红色的外生殖器明显肿胀，这不仅对雄性有致命的吸引力，对其他雌性而言也是不小的诱惑。既然说了谁都可以啪，自然不分性别。雌性倭黑猩猩最常见的姿势是，面对面抱着摩擦生殖区域。其中一只雌性四肢撑地，另一只雌性双腿夹着对方的腰部，双手环绕对方的脖子，相互摩擦，嘴里还不时发出体验高潮快感的笑声和尖叫。

在如此有爱的大环境中，雄性自然也不甘落后，仗着又有丁又有蛋的优势，开发了更多姿势，比如，背靠背、屁股顶屁股的搓蛋行为，面对面的丁丁击剑术，一方骑在另一方背上，等等。

传教士一定不知道，他们推广的散发着人类文明之光的姿势也被倭黑猩猩广泛而频繁地使用着，甚至它们还超越了人类，掌握了用灵巧的其他器官享乐的技巧。除此之外，倭黑猩猩还有一点和人类类似，它们的性不止是为了生育。雌猩猩每五六年才生一个孩子，不需要生育的时候，她们仍然源源不断地产生欲望。在一个排卵周期中，除了月经期，她们大部分时间都是性欲勃发的。

科学家反复思考，倭黑猩猩没有节制的性爱究竟有什么作用？把一切都归结于享乐是太偷懒的做法。有科学家提出假说认为，倭黑猩猩采取的是性爱外交，用爱取代暴力。

那么，啪的时机就很重要了，它或是出现在潜在冲突发生前，或是出现在冲突发生后。

有些性爱外交发生在冲突发生前。在一个实验中，实验人员抛给猩猩群一个玩具，每一只猩猩都想玩，放在其他物种中，这时候肯定大打出手。但倭黑猩猩不一样，它们立即开始互啪，平稳地回避了冲突，再谦让有礼地逐个玩玩具。

有些性爱外交则发生在冲突发生后。在另一个实验里，一只雄性和雌性正在如胶似漆地谈恋爱，这时候另外一只眼馋的雄性怒不可遏地想赶走雄性，独占雌性。不料大打出手后，两只雄性英雄惺惺相惜，竟然把雌性晾在一边，背靠背开始搓蛋，结下了深厚的情谊。

啪啪啪不仅有助于集体减小摩擦，还有另外一个关键作用，帮助外来的雌猩猩融入新集体。在有性繁殖的物种中，为了防止近亲繁殖，青春期的雌性或者雄性，其中一方需要离开原生家庭，加入到别人的家庭中繁殖。

倭黑猩猩主要是雌性迁移[202]。通常雌性迁移的物种，雌性由

倭黑猩猩采取的是性爱外交，用爱取代暴力。

仇人变朋友，一啪解千愁。

于缺乏血缘联结，社会关系薄弱，权力较雄性更小。然而奇怪的是，雌性的倭黑猩猩地位比雄性稍高，雄性的地位高低主要看他妈的地位高低。雌性间的联系很紧密，手握大权。在雌性迁移的状况下，新进门的媳妇很难办，丈夫不管事，婆婆很凶狠，如果不能融入婆婆的交际圈，那就混不下去了。于是新来的雌猩猩会和老雌性啪，只有和老雌性建立了稳定的关系，才能被接纳。直到她们生下自己的孩子，地位才进一步稳固。

二、极端的“母权”

在极端的母权社会，雄性甚至丧失了自我，只剩下生殖器官，他们没有能力决定何时去生孩子，也没有办法提出离婚。对于雌性，雄性只是一个工具。

大齿须鮟鱇分布稀疏，因此找对象是一个大难题。科学家捕捞了一批鮟鱇鱼，却发现她们全部都是雌性，这样一来她们可怎么交配呢？后来研究者发现，雌性身上有一些“寄生虫”，这些寄生虫才是雄性，他们比雌性小太多，以至于我们都很难想到它们是同一物种。

海洋里较小的雄性鮟鱇鱼一旦遇上一只雌性，就会咬住她的皮肤，真正地和她融为一体，雄性从雌性身上汲取一切养分，自己只负责提供精子。

由于懒惰，他抛弃了一个独立生物维持生存的各种器官，成了一个混吃等死的附属品。一个雌性可以供养最多六个老公，从此她想宠幸谁就宠幸谁，想生谁的孩子就生谁的孩子[203]。

前文提到裂唇鱼的性别会从雌性变为雄性，双锯鱼则相反。

双锯鱼出生的时候雌雄莫辨，成年后为雄性，雄性终其一生都在变成雌性的道路上拼搏着[204]，因为雌性掌握着交配大权。小群体中，最年长强大的雌性才是皇帝，她统领着一群雄性和未成年的小鱼。雄性中最能打的是皇后，皇后一直觊觎皇位，一旦皇帝死亡或被人为移除，皇后就开始了变性之旅。通常 63 天之内皇后就可以变身成功，从雄性变为雌性，变身后最快 26 天就可以产卵了。

雌性除了欺压雄性，高等级雌性还可能欺压低等级雌性。这就不得不提到令人生畏的社会机器了——真社会性动物①，代表物种是蚂蚁、蜜蜂、马蜂和白蚁。它们的特征是高度分化的社会分工和生育分工。蜂后生了一批没有灵魂的机器人：一部分是雄性，用来交配，交配结束便魂归西天；一部分是雌性工蜂，被抑制了生殖，全身心投入工作。蜂后可以活两三年，工蜂和雄蜂却只能活几周。而在没有蜂后的巢穴里，工蜂可以恢复生殖能力。

有没有工蜂曾反抗被决定的命运呢?

---

① 真社会性动物（Eusociality）有如下特征：1. 动物群体内部形成明确等级和分工，部分个体可育，负责繁殖，部分个体不育，负责工作；2. 成年个体多世代共存；3. 共同抚育后代。

也许是有的。芦蜂现在过着独居的生活，但祖先却是真社会性生物。这并不符合演化的一般趋势，曾经我们以为演化的方向是从简单到复杂，现在却发现历史循环往复，没有唯一正确[205]。不管是不是社会性动物，我们仿佛都一样地恐惧同类，渴望自由。

蚁群的生育法更为严格，蚁后会率领一群工蚁定期进行生育检查，如果发现有工蚁擅自产卵，这些卵会被就地正法[206]。

这种骇人听闻的生育政策，只能在一个等级森严的社会严格执行下去。只要当权者可以很容易地垄断一种资源，比如食物，极权主义就易于产生，并且很难被颠覆。比如在鸡舍，如果饲料槽和水源稀少，地位高的个体就会霸占资源，不允许某些地位低的个体进食，不需要战斗，就可以轻松地铲除异己。如果在野外，食物分散在各个地方，地位低的个体找到食物，还等不及地位高的个体抢劫，就吞下肚了，不服从不等于死亡，地位低的个体就有了更大权力与顶层抗衡。

侏獴的食物很分散，高地位雌性对低地位雌性的控制并不完美，但她们仍旧不放过每一个可以打击对手的机会。不甘心的高地位个体经常会偷窃低地位个体的食物，这种偷窃可能只是收保护费的一种形式。有意思的是，雄性会无分别地偷窃雌性和雄性的猎物，雌性却特别喜欢偷雌性的。

对于鸡而言，吸引一只公鸡，只需要用一只母鸡，吸引一只母鸡，只需要一只虫子，而打压一只母鸡的最好方式，莫过于抢走她的食物[207]。

作为女王的“钮钴禄”裸鼹鼠更为狠辣，她们釜底抽薪，省去了巡逻，少掉了算计，直接让其他雌性没有性欲，自然不孕不育了。后者受女王尿中外激素的抑制，导致内分泌系统大变样，既不排卵也不发情，变成了女王殿下忠诚的仆人。这些仆人如果被单独拎出来，独处一段时间，就又能思春了，可一把这些可怜的思春少女放回女王身边，她们又立即无欲无求。雄性也被女王吓得不轻，没有被宠幸的雄性自觉增加了精子的异常率，他们能够很好地控制自己的下半身，绝不拈花惹草[208]。

为什么这些处于弱势的雌性宁愿放弃自由也要留在群体里?有研究发现，相比独立繁殖的生物，合作繁殖的物种更能适应极端环境，毕竟团结才能活下去[209]，而放弃生育权或许是为了融入集体所必须付出的代价[210]。如果阶级流动是可能的，今日的忍辱负重也许会换来未来的回报。

三、为爱献出生命的雄性

雄性蜘蛛的交配是自我奉献，因为雌性蜘蛛会吃掉自己的伴侣补充能量。但自我奉献并不一定有用，雌性拥有两个储精囊，她可以选择让雄性填入一个或是两个储精囊。如果遇上喜欢的对象，她会让对方把两个都填满，增加当爹概率，遇上不喜欢的对象，就终止交配或者只让对方填入一个储精囊。雌性比雄性大得多，弱小的雄性几乎无力操纵雌性，这注定是一场不公平的交易，竟然要一方以命作为彩礼。对于蜘蛛而言，婚礼就是雄性的葬礼[197]。

雌性螳螂也会吃掉自己的伴侣。伴侣是极佳的营养来源，吃掉伴侣的雌性相对于没有吃掉伴侣的雌性，会明显产下更多的卵。然而，如果雌性吃掉等量的食物，产卵数量甚至多于吃掉自己的伴侣。所以，如果雄性螳螂献上足够的食物或许可以捡回一条小命[198]。

这种爱的献身究竟是爱到极致，还是爱的异化，是爱到丧失自我，还是两性权力失衡?

四、交欢了，却没有我的 DNA

从微观角度来看，雌性由于把守了受精的最后一关，而有了更多搞小动作的机会，甚至可以控制受精卵的发育方式和后代的 DNA 构成。

两条花鳉鱼生下了一群鱼宝宝，随着鱼宝宝年岁渐长，鱼爸爸发现一个问题：为什么我的孩子都跟妈是一个模子里刻出来的，和我却一点都不像呢[211]？他的担心不无道理，原来鱼爸爸茉莉花鳉和鱼妈妈秀美花鳉并不是同一个物种。跨物种婚恋让鱼爸爸着实没有安全感，细细思量，孩子他妈可能出轨了。

然而，事实要比这复杂得多。鱼妈妈没有不忠，因为鱼妈妈的种群里全是雌性，找不着一个同种的雄性来出轨，但鱼爸爸朴素的亲子鉴定也被证实是正确的，因为他的亲生孩子并没有继承他的DNA。

这种假受精的生殖方式被称作雌核发育①。雌核发育不同于孤雌生殖，孤雌生殖不需要雄性参与，雌性可以自主繁衍后代，但在雌核发育过程中，生殖必须有精子参与。然而，通常以雌核发育方式繁殖的种群几乎全部由雌性构成。这也造成了雌核发育物种的生殖难题。无奈之下，女儿国的雌鱼只能将魔爪伸向了远亲，突破了物种间的生殖隔离，借他们的精子用用。

精虫上脑的雄鱼欣然接受了雌鱼的挑逗，然而这笔交易却并不公平，一旦卵子被精子激活，精子的DNA就被打包踢出了家门。两者共同的后代全部都是雌鱼的复刻。在精子呼吁自己合法权益的时候，卵子早已把精子视作贪得无厌的寄生虫[212]。

那么问题来了，对雌性而言，孤雌生殖快速、便捷、独立、自主，为什么非要雄性来掺和一脚？对雄性而言，费尽心思地跨物种结合，最后自己的DNA还没有被继承，何苦呢？

这等怪事发生的原因尚无定论，但至少要有一个性别从中获利，这种繁殖方式才可能存在。对此有几种假说。

第一种，精子DNA可能少量插入了卵子DNA，但是由于技术限制，我们没有发现。这样一来，雌性可以增加基因多样性，雄性

① 雌核发育（gynogenesis）：胚胎染色体几乎全部来源于雌性，雄性的精子只是参与了卵子激活，并没有把自己的遗传物质传递下去。

则好歹留了一点自己的种子。第二种，极少数的精子在反抗卵子大屠杀过程中幸存，强行把自己的一套染色体组传了下去，形成了三倍体的后代。这样对雄性来说，仍旧是划算的[213]。第三种，这种生殖方式不稳定，只是演化过程中的一条错路，很快就会被淘汰。

有性繁殖的主要优势是能够快速整合好基因、扔掉坏基因，无性繁殖的主要优势是能够快速填满这个环境，而不仅仅是多繁衍。因为环境能承载的一个物种的数量是有限的，可这种没有基因交换的有性繁殖成功聚集了以上两者的缺点[213]。毕竟，找其他物种借精子不确定性很大。

另一种以雌核发育的方式繁殖的杆状线虫则开发了新玩法，来克服借精的不确定性。她们饲养了一批同物种的雄性以供取乐，交配后如果卵子丢弃了精子 DNA，卵子便会发育为和母亲染色体一样的雌性后代。如果精子和卵子融合了，这颗受精卵则会发育为雄性。

也就是说，雌性和雄性的遗传物质是分开传递的。女儿只会继承母亲的 DNA，她们没有父亲这个概念。雄性是父母爱的结晶，但是他们的基因也未必能传给下一代。此外，为了防止自己的儿子被其他种群利用，母亲还控制了儿子的择偶观，让他们对亲姐妹有出乎寻常的“性趣”[214]。于是，杆状线虫雄性的数量通常控制在群体的 10% 以下，就已经可以让整个种群有旺盛的繁殖力了。

杂合发育也是一种跨物种爱恋。杂合发育的群体大多数是雌性，必须寻找外族的雄性婚配。但杂合发育的雌性比雌核发育的雌性多付出了一点真心，因为杂合发育的后代基因型是杂交的，一半来自父亲，一半来自母亲，不像雌核发育的雌性所有的后代基因型都和自己一样。然而，虽然她们没有剥夺伴侣做父亲的权利，却剥夺了他们做外祖父的权利①。

研究人员发现，一种全是雌性的孤若花鳉和另一种有性繁殖的雄鱼光若花鳉交配，后代含有一半来自孤若花鳉的基因和一半光若花鳉的基因。然而，来自孤若花鳉的一半基因和孤若花鳉祖先身上的一半基因高度相似。如果它们是有性繁殖的，那么雌孤若花鳉祖先的基因就会在每一次繁育中被雄光若花鳉稀释；如果它们是雌核发育的，那么后代体内应该只有雌孤若花鳉的基因[215]。可它们的后代却拥有父体和母体各一半的基因，同时来自母体的基因又没有被稀释，这究竟是怎么回事？

原来它们女儿的卵子里只含有来自母亲的DNA，没有父亲的。普通的两性繁殖，卵子中应含有来自父母双方各一半的遗传物质，可是杂合发育的后代在产生卵子的时候，把老爹的遗传物质毫不留情地扔掉了。

不同世代的卵子里都100%是母亲的DNA。于是母亲的基因得以世世代代传递下去，在女儿身上有50%，在孙女身上有50%，

① 杂合发育（Hybridogenesis）：母亲的一半遗传物质来自于外祖母，一半遗传物质来自于外祖父，母亲在产生卵子的过程中，只把来自外祖母的遗传物质放进卵子里，丢弃了来自外祖父的遗传物质，所以女儿体内只有一半来自外祖母的遗传物质，一半来自父亲的遗传物质。女儿在产生卵子的时候也只保留了外祖母的遗传物质，丢弃了父亲的遗传物质，所以来自母系的遗传物质一直克隆下去，父系的遗传物质存在了一代就被丢弃。

在重孙女身上还有 50%，没有两性繁殖带来的衰减[216]。

在合作繁殖的物种里，我们还发现了另外一种社会性杂合发育，这些物种通过统治生育来统治社会。

西班牙箭蚁的蚁后可以无性繁殖，产生和自己基因型相同的继任蚁后，以及有生育能力的单倍体雄性。这些可育的后代从基因来看都是纯正的自己人。

除此之外，蚁后会和其他族系杂交形成没有生育能力的工蚁。因为工蚁拥有来自父亲和母亲的各一半基因，所以蚁后使唤起工蚁也不像使唤自己纯亲生骨肉那样心疼了，毕竟蚂蚁可是有着奴役外族战俘的恶名。由于工蚁不能产生后代，父亲的 DNA 就在这里断了[217]。

有雌核发育，对应的也有雄核发育。顾名思义，是指雌性和雄性交配，后代却只继承了雄性的基因。但这比雌核生殖少见，因为精子除了 DNA 之外啥都没有，所以一定要进入卵子才有可能发育。

到了别人的地盘，自己不被干掉就万幸了，还想着把卵子 DNA 给扫地出门？精子单枪匹马干不过卵子 DNA，但如果精子里有两套染色体（二倍体）或者两个只有一套染色体的精子（单倍体）同时受精卵细胞，二打一就有可能绑架卵子。有时倔强的卵子 DNA 没有办法被完全清除，甚至会直接和精子融合成三倍体。但这种情况占少数，多数雄核发育只有在无核卵细胞里才能实现[218]。

如果精子和卵子结合后，精子的遗传物质被扔掉，那么科研人员会称精子是卵子的寄生虫。如果相反，精子把卵子的遗传物质挤走，科研人员则称精子绑架了卵子。从这些生动的描述中，我们可以想见，精子的一生有多么艰难。

五、公象如此粗糙，怎能不分居

在一起总你争我夺，那么不如分开。

社会性动物经常会驱逐某一性别的性成熟后代，于是家族大致维持在单性别状态，此时家族有两个选择。

第一，吸收流浪的异性，形成一个可以内部繁衍的双性家族。比如，红吼猴就形成了双性别团体，几乎所有的孩子都出生在双性别团体中，然而除此之外，还有大量流浪的单身汉，这意味着少量雄性占有了大量雌性。

观察发现，双性别团体占据了最优的领地，食物充足，而单身汉被迫生活在贫瘠的地方，根本找不到对象。他们是战争中的落败者，无时无刻不想着联合在一起，尝试打倒上层阶级的雄性，夺回雌性和财富[219]。

第二，雄性和雌性分别形成单性家族。在非繁殖季，不同家族各过各的生活，互不干扰，只在繁殖季才去寻找异性交配，等短暂的发情期一过，就回到原来的家族。雌性互相帮助，养育孩子，雄性则与其他同性保持着互相依赖、相互竞争的微妙联系。

哺乳动物中的两性分居多为雌性主导，雄性后代成年后被迫离开母亲，而母亲却和女儿形成紧密联结，有亲缘关系的几个雌性长辈会和她们的女儿们共同组成一个单性团体。

有多种假说试图解释分居现象，比如，两性吃的东西不一样，栖息地不一样，被捕食的风险也不一样，所以两性最适合的生存模式有差异。如果两者都不愿意相互妥协，那么就各过各的。

大象是典型的母系社会。一个最小家庭单位通常由十头母象组成，一片区域内的多个家庭会形成松散的“分裂融合”[①]的社群结构。母象每四五年繁殖一次，孕期近两年，随后又是长达三四年的哺乳期，漫长的等待把发情的公象都逼得发了疯。

小母象会继续留在象群里，但青春期的小公象会被母亲抛弃，孤苦无依。在危险的自然界，他们不得已只能加入陌生的公象群体，疏离的血缘关系注定了小公象的成长之路比小母象艰难得多。

研究人员为了理解母象群社会地位的代际传递如何影响着小母象的成长。他们移走了母象群里的部分妈妈，看看失去母亲的小母象这个时候会发生什么。研究假设会有两种可能：第一种，小母象直接继承母亲的社会地位，和其他雌性长辈平起平坐；第二种，小母象作为孤儿依附于其他母象，等自己年纪大了开始繁殖之后再拥有稳固的社会地位。

研究人员观察发现，小母象能够顺利继承母亲的社会关系，迅速成长为可以独当一面的成熟母象，省去了按资排辈的环节。

---

① 分裂融合社会（Fission-fusion society）：很多群居生物的社群大小随着时间动态变化，有时形成大社群，有时分裂成小社群。

当然象群的领袖仍旧是年长的母象[220]。

与此相对，小公象的晋级之路却需要熬资历。年纪大的公象不仅地位更高，还会打压地位低的公象，不让其繁殖。南非的一只刚成年的公象，在狂躁的发情期大肆毁坏生态环境，一连杀死了 40 只无辜的犀牛。无奈之下，当地环境保护人员紧急送入了 6 头成熟的公象，老公象狠狠地教训了骚气的年轻公象，并成功地抑制了他的发狂行为[221]。

年轻象对老公象爱且惧怕着，即使经常被年长的公象按在地上摩擦，初次脱离娘家的小公象也有许多事情需要向老象学习，他们喜欢和中年与老年成熟公象做邻居，学习为象处世之道[222]。

母象和公象通常分群而居，这可能是因为母象一生之中需要公象的时间实在太少，每五年繁殖一次，公象又不带娃，一丁点生活习惯上的差异就足够让它们分离。

母象的生活十分单一，吃饭睡觉奶娃娃，她们有更挑剔的味蕾，只吃植物营养丰富的部位，不惜耗费更多的时间搜寻食物。而公象的食物多样性低，他们宁愿把一株植物从头到脚吃干净，也不愿意挑挑拣拣，四处搜寻新的食物。

这可能是因为公象有更重要的事情要做，比如，提升自己的社会地位、求偶和交配。所以，母象可能是因为不能忍受公象的粗糙，才愤而提出分居的要求[223]。

这与希腊神话里的亚马孙人部落很像。据说亚马孙人就是纯女性部落，每隔一段时间她们会和外界的男性交媾，生下女孩就留在部落中，生下男孩就扔给他们的父亲。两性分居的情况在很多动物群体里都有发生，比如鱼类、鸟类和大部分两性体形差异大的哺乳动物。

六、同居家庭的难言烦恼

分居的家庭都一个样，同居的家庭各有各的烦恼。

母鹿控诉公鹿张扬的鹿角给自己和孩子带来了生存危机，因为捕食者老远就能看到公鹿摇晃着自己的大脑袋。于是，母鹿毫不留情地将公鹿赶出了家门。可公鹿十分委屈，他们耗费巨大能量生长的鹿角只是为了博母鹿一笑。蜜月期你还夸我性感，交配完怎么就翻脸不认人了，难道我只是一个长角的精子库？为了不被抛弃，公鹿放弃了自己的尊严，爱的季节一过，他们就会褪去鹿角，伪装成一只母鹿混入娘子军[224]。

不是所有的雄性都有为爱做出牺牲的机会。

密氏倭狐猴为了抵御雄性的性骚扰组成了睡觉联盟，睡觉团的雌猴通常有血缘关系，她们十分珍惜舒适安全的巢穴，所以会联合起来抵抗其他生物的抢占，尤其是雄性小嘴狐猴的侵占。大家一起睡觉还可以降低被捕食风险、防止热量散失等。被雌性排斥的雄性只能自己睡，到了夜深人静的时候，胸口会涌起一阵孤独，此时只有愿意一起睡觉的好基友可以慰藉了[225]。

狮子是一夫多妻动物，但雄狮实在没什么可羡慕的。狮群通常由2～18只雌狮和1～7只雄狮组成。雌狮是团队的基干，可以从母亲处继承土地。一个狮群的雌狮通常有密切的血缘关系，能够互相帮助，而且她们从小在这片土地上成长，更清楚食物分布，因此承担了大部分的捕食任务。娶多个配偶无论搁在哪种生物身上都不是一件容易的事，雄狮以及许多雄性哺乳动物采取的策略是——入赘。

雄狮有兴致的时候也会捕猎，可经常空手而归，他们更在意的是保卫家园。雄狮的入赘看似捡足了便宜，不用买房，不用捕食，轻松享有三妻四妾，但一夫多妻的社会危机四伏。

狮群内平均每只雄狮有两个配偶，也就说明，在性别比接近1的情况下，狮群外还有半数游荡雄狮没有配偶。一夫多妻极大地加剧了雄性竞争，游荡的雄狮随时准备侵占这群雌狮，登上人生巅峰。因此，有领地的雄狮不得不将大把劳动时间分配在保卫领地的任务上。

狮群内的雄狮有很好的团结意识，可以轻松驱逐单个入侵雄狮，然而，如果一群雄狮进攻，有时就难以招架了。狮群内的雄狮不断地面临挑战，一旦失败，就会被驱逐。他们的孩子，要么同被驱赶，要么被杀死，而雌狮们则依然会留在那片土地上，为新来的雄狮生儿育女[226]。

即使雄狮保卫住了自己的家园，他们的儿子成年后依旧会离开，成为流浪雄狮里的一分子。年轻的雄狮抱团取暖，学习着如何挑战享有一切资源的中年雄狮，等他们得到了权力，就站到了曾经的对立面，抵抗着比他们更年轻、更强壮，却没有什么经验的后辈，直到一朝失败，落回一无所有的境地。

群体不可能无限增大，这是造成狮群驱逐后代的根本原因。

说完了狮子，公老虎的日子也不容易，要不怎么称凶悍的女性为母老虎呢？老虎是独居动物，唯一的长期社会关系就是母亲和子女的关系。每一只老虎都有自己不可侵犯的领域，每两三周，它们就会巡逻一次自己的领地，并向树干上喷洒有着自己独特味道的气体和液体。如果有一只老虎犯懒忘了这样做，其他老虎就会以为它挂了，纷纷来收割遗产。

老虎主要通过气味交流，但通常不是为了社交，相反，恰恰是为了避免社交。面对面社交会给老虎造成极大的压力，如果有不识趣的老虎误闯入其他老虎的领地，主人的吼声可以穿透丛林，吓退敌人。

然而，患有社交厌恶症的成年老虎有一件事是不能逃避的，那就是交配。一想到要和平时十分嫌弃的同类零距离接触，老虎的额头就拧巴在了一起。

热带的老虎全年都可交配，这真是一个令虎心碎的自然设定。公老虎的领地通常会和几个母老虎的领地接壤，这样他就可以摸索出各个配偶的生理期，合理安排造娃运动。

母老虎每 25 天进入一次发情期，每次持续 5 天。如果怀孕，产子后两三年都会专心带娃，不问情事。母老虎发情前会提高在

为什么把女人比作“母老虎”？
老虎交配的前戏就是母老虎撕打公老虎。

领地留下气味的频率，公老虎需要准确判断气味的含义。如果理解错了，在不该出现的时候出现在母老虎的地盘，就会遭到一顿暴打。

不过即使理解对了，还是会被打。老虎交配的前戏就是母老虎踢打撕咬公老虎，公老虎为了争取交配的机会，只能打不还手、骂不还口。母老虎揍爽了，就会做出诱惑公老虎交配的姿势。交配一结束，一点贤者时间都没留给公老虎，母老虎会边打边把对方踹出自己领地，颇有点卸磨杀驴的意味[227]。

确实，位于食物链顶端的老虎没有拥有社会性的必要。一个人就可以打猎养活自己和孩子，为什么要牺牲自由，去和另一头老虎共同生活？对于没有天敌（除了人）的老虎而言，同类比其他生物更值得惧怕，它们既不需要联合起来抵御外敌，也很少需要合作捕食。相反，同类的存在却可能让生存变得更加困难。老虎不用担心麻雀来抢食物、领地和配偶，它们的利益没有冲突，但是同类的利益诉求彼此一致，一旦有了竞争，它们就必须比原来更加努力才能享受同样的生活水准。

雌性与雄性围绕着性的对抗、父亲与母亲间的斗争，在不同的物种里，可能会呈现出不同的权力结构的布局。在这种斗争里，获胜的一方就能够建立起性别的专制，打造出我们称之为“父权”或是“母权”的社会。赢家总在变换着角色，跟随两性权力的布局，此消彼长，但在被忽略的战场外，输家却非常恒定，作为弱者的孩子常常沦为性别战争里的工具。

第九章

作为弱者的孩子

LOVE AND SEX *in* THE ANIMAL KINGDOM

一、动物都会照料子女吗？

我们的文化一直都有对父母无私的爱的歌颂，但人不是仅有的父母都会参与抚养后代的生物。在自然界中，动物也会照料子女，只是动物的照料行为并非像我们想的那样无私且崇高（也许人也不是）。决定动物是否会照料子女的一个重要因素，是孩子离开了爸妈会不会死。爸妈照料一生中所有孩子的时间、能量有限，如何用有限的成本制造最大的收益，是它们考虑的头等大事。

比如说爹妈总是纠结于到底是好好养一下刚生的娃，还是赶紧去生下一胎。如果不停地生，结果生的每一个都因为缺乏照料而大概率挂掉，活到性成熟的个体的数量可能还不如适当照料、使孩子较为平稳地度过死亡率最高的时期来得多。

父母的爱对后代的生存率至关重要，研究发现，失去母亲照顾的虫卵，死亡率会上升 10 倍，失去父亲则上升 3 倍[228]。尽管如此，自然界大部分父母都是不管孩子的。除了吃喝拉撒睡以及大吵大闹，其他什么都不会的人类婴儿应该感到庆幸。在已经发现的鱼类中，只有 30% 的科出现了会带孩子的物种，但大部分是单亲家庭，更令人震惊的是，其中 50%～84% 都是孩子他爹承担养育责任 [229]。

爬行类的父母也很不负责，只有极少数物种会照料后代。相比鸟妈热爱孵蛋，爬行类为爱做出的最大牺牲就是守着窝，防止蛋被吃掉。这也许是因为爬行类动物自己都要晒太阳，并没有多余的热量分给孩子，又或者是因为独特的温度决定性别的机制——孵蛋条件可以改变娃的性别。一些爬行类物种中，父母可以调控后代性别比，以使利益最大化。在海龟和陆龟中，低温孵化出雄性，高温孵化出雌性，在蜥蜴和短吻鳄中则恰好相反。豹纹守宫的卵在 32 摄氏度下孵化为雄性，26 摄氏度下孵化即为雌性 [230]。也有一些爬行类动物，高温和低温都会产生雌性，不高不低才产生雄性。

怎样才能调控孵蛋温度呢？选择不同温度的产卵地。孵化温度与太阳强度和照射时间正相关。海龟如果想生雌宝宝，就会把蛋下在阳光更好的地方，如果想生雄宝宝，就把蛋下在植被茂密的地方 [231]。塞岛苇莺在低质量领地上孵化的 77% 都是雄鸟，在高质量领地上孵化，后代只有 13% 是雄鸟。比父母小一岁的女儿不一定会出门找对象，有时会待在家里帮爸妈带娃。在高质量领地上，如果小夫妻有两个及以上的帮手帮助孵蛋，它们就会转而倾向生儿子，因为雌性多的地方雄性值钱。

除了根据生产地点来调整孩子的性别[232]，有些动物能直接通过调整受精比例来控制整个族群的性别比。黄蜂的受精卵会发育为雌性，未受精的卵则发育为雄性，母亲可以控制受精卵的比例。雌性黄蜂把卵产在宿主体内时，通常会先产一个雄性，然后接着产几个雌性，然后换一个宿主继续循环，产一个雄性，再产几个雌性，以确保儿子能把他的几个妹妹都受精了[233]。

虽然鸟类的祖先是爬行类，可是不同于大多数爬行类，高达90%的鸟类有育雏行为。鸟爸、鸟妈要么交替孵蛋、交替觅食，要么合理分工，一方觅食，一方孵蛋。哺乳动物的带娃行为相对少见，而且主要是妈妈带娃[228]。一项针对529种哺乳动物的研究显示，只有65个物种存在父爱行为。有意思的是，雄性哺乳动物一般不直接投喂孩子，而是投喂母亲。被投喂的母亲的孩子会长得更壮实，与其说是爸爸爱孩子，不如说是爱伴侣[234]。

父母对后代的付出可分为三个阶段：生殖细胞阶段、受精卵成为个体阶段、个体成长阶段。

生殖细胞阶段有着原始的不平等，雌性的卵子比雄性的精子大。但这不能算是一个巨大的不平等，因为精子数量多。总的来看，雄性并没有少花能量制作精子，比如，蟹膏和蟹黄的能量都挺高的，做雄性也不容易。

受精卵阶段两性的差异就变大了。雌性有两种生殖方式：第一种，下蛋或产卵，后代被排出体外的时候还不是真正的个体；第二种，怀孕生孩子，后代出生的时候已经是独立个体了。

对雌性而言，第一种模式要经济得多。虽然卵内包进去了大量营养物质，足以让后代吃到出生，但是节省了把卵带着到处跑的精力。尽管体外的卵比体内的卵更容易被吃，但母亲存活率却明显增高。同时，由于孵化过程和母亲分离，父亲能够最大限度地参与孕育孩子的过程。

然而，能够参与不代表有动力参与。自然界丧偶式育儿比比皆是，父亲愿不愿意带娃取决于两个因素：第一，孩子是不是自己的；第二，新的对象好不好找。

古今中外的雄性都被第一个问题困惑着。现在，男人很幸运，有了 DNA 亲子鉴定技术，可惜其他的雄性大部分时候还得靠猜，也总是被雌性骗。所以，与其为别人养孩子，不如干脆交配前甜言蜜语，交配后爱答不理。

叶状臭虫的雄性就被雌性利用了。雌性产在树叶上的卵几乎无一例外都被蚂蚁吃了，于是她们想到了一个好办法，盯上刚刚交配完的雄性，把卵产在其肚皮、背和脚上。

雄性究竟是自愿变成一个行走的育儿袋，还是被雌性精心设计的呢？难道身上有卵的雄性在雌性眼里更性感，这能为他们赢得更多的交配机会吗？而且研究人员发现，雄性身上的卵实际只有 25% 是自己的。他们很可能是不情愿的，但贸然移除这些卵会造成卵的死亡。雄性不确定哪些卵是自己的，他们没有选择带娃，可能只是选择了不杀掉属于自己的孩子。但研究发现，即使雄性没有和该雌性交配，他移除掉卵的概率也不会变大[235，236]。

生不生孩子，看似是一件个体可以决定的事情，但其实个体的生育意愿既和种群密度相关，也和非密度因素相关，比如天气。如果冬天雪厚，松鼠冬眠的“雪被子”保温性能更好，热量损失少，就更容易存活[237]。因此种群生育力会上升。如果鹿诞生于一个温暖的春天之后，则它们将比在寒冷春天之后出生的鹿拥有更高的生存率和繁殖率[238]。天气越适宜生息，自然界的食物越多，可承载的种群密度也越大。但是，如果种群密度超过一定限度，生物就会抗拒生孩子，种内竞争加剧，会导致衰老体弱的个体死亡，种群密度将重新降低，回到平衡值。

以上这些不生孩子的原因，无论是否与种群密度有关，每个个体都被生活一视同仁地磨砺着。但是，演化的核心是差异。同样的环境，有的个体能活，有的个体不能活，有的个体能生娃，有的个体不能。

我们为什么要生孩子？演化学给了一个非常直接的理由——为了传递基因。生存和生育有冲突，这种冲突在某些时刻格外显著。比如，当你放弃了环游世界的机会，贷了要还半辈子的款，买了一套学区房的时候。

和人类一样，动物界的“老大难”问题也是如何科学养娃？生和养都是一大笔投资，排列组合一下，大概可分为四类：既生又养，只生不养，只养不生，不生不养。

达尔文告诉我们，那些不生不养的已经死掉了，那么就只剩下三类，其中，只生不养的最多，既生又养的次之，只养不生的最少。养育比生育更昂贵，生物生下的后代数量通常多于能够养育的后代数量，这意味着至少有一部分孩子注定得不到父母的关爱。

但是，有 68 种哺乳动物被发现有收养行为，那么现在问题来了，给别人养娃不能传递基因，自己还要受累，为什么要做亏本买卖?

学者们本着利益为上的原则，提出了几种假说，比如眼神不好奶错娃了，又比如妈妈们自发组织了托儿所，轮流担当奶妈，或者亲戚之间互相奶，也有可能是年轻雌性拿别人的娃练手[239]。

医院抱错娃是电视剧中的常见桥段之一。若不借助亲缘检测技术，要判断“我娃是我娃”是相当困难的一件事。动物们也差不多，这就给了不法分子可乘之机。研究人员发现，有一些涉世未深的海豹宝宝竟然趁着邻居豹妈打盹，一把推开人家的娃，自己贴上去喝，糊涂的豹妈换了个娃也发现不了吸奶的力道变化。一开始，研究人员不能确定这究竟是因为豹妈的博爱心胸，还是纯粹因为不够聪明，直到他们看到，发现猫腻的豹妈暴打邻居家熊孩子，才确定愚蠢是不分物种的。

托儿所假说让我们寄希望于“动物界乌托邦”，然而现实可能走向了反面。数学推导显示，喝大锅奶只在每个妈妈贡献同样多奶且所有人都诚实的情况下才适用。如果一个妈妈的奶量大于平均值，她的娃能喝到的就会比原本能喝到的更少，她自然会退出托儿所，等到所有妈妈退出，托儿所就不复存在了。

即使我们假设奶量充足的妈妈都有一定的博爱精神，她的奶多得喝不完，又没有冰箱，就给别家娃点喝好了。可在没有监管的情况下，一定会有妈妈自己不出奶，专注蹭奶，这么一来，博爱的妈妈也没有多的奶去奶自己娃了，她又必须退出。

不过利益驱动的收养也可以实现双赢。雪雁会主动收养窝附近被抛弃的蛋，但这可能不是出于善心，多孵一个蛋的边际成本可以忽略不计，但混在自己蛋中的弃蛋可以帮助稀释后代被捕食的概率。如果一窝全部是自己的蛋，捕食者猎取一个蛋，自己的娃挂掉的比例是 100%；如果有 25% 的蛋是收养的弃蛋，被捕食的概率就降低到了 75%；如果没有捕食者，帮同胞多孵两个蛋也利于种族延续。毕竟，原本这两个蛋是必死无疑的[240]。

除了收养弃婴，收养二胎也是一个动物界的常见现象。手足相残的三趾鸥，竞争不过老大的二胎也常会被亲人收养。奇怪的是，这种海鸥的收养比例很高，很多被抛弃的二胎最终都被邻居收养。有研究人员猜测，可能这种海鸥的出轨概率很大，因而隔壁老王会偷偷拣回私生子。但实验结果显示，这群海鸥忠贞得可怕，实验中的 119 个后代全部是婚生子女。这样一来，线索又断了，只能推测，邻居之间有亲缘关系，或者父母的眼神不好，认不出谁是自己的娃。

尽管文学作品和媒体经常涉及“收养”的话题，但收养在动物社群中其实是一件极小概率事件，收养无血缘关系的孩子就更罕见了。一则追踪了北美红松鼠 19 年的研究发现，2230 个新生儿中只有 5 例收养，收养行为多发生于亲属之间，附近非亲属的孤儿从未被收养[241]。

为什么要收养没有血缘关系的孩子？人类智慧在解释极少数事件时总是不够用。

有研究发现，养父母在丧失亲生孩子后更有收养的冲动。一种密集繁殖的海鸦有时甚至会把窝附近的蛋滚回自己的窝。研究人员猜想，这可能是由于泥土附着在蛋上，海鸦父母分不清谁是亲生的，谁不是，所以碰到像的就都滚回家。

但后来发现，如果同时给它们一个亲生蛋和一个陌生蛋，它们还是能够正确选择自己的蛋的。在进一步的实验中，人类挪走了它们的亲生蛋，这时它们不但对陌生蛋来者不拒，甚至还会跑到邻居家里偷蛋。为什么它们如此强烈地想要养育一个孩子[242]呢？答案尚不得而知。

二、残忍的杀婴现象

我们不否认父母和孩子的关系中有温情的一面，但父母和孩子的关系并不平等，离开了父母的照料，许多孩子无法生存，但失去了孩子，父母还能再生。无论两性如何抉择，同性如何竞争，成年个体都有反抗的能力，可孩子面对杀戮却毫无还手之力。

等级高的雄性象海豹几乎占有了所有雌性，雄性之间的争斗会引发杀婴。两三吨重的雄海豹杀婴的手法十分残忍，他们把整个身体躺在幼崽身上，对幼崽尖锐凄惨的哭声无动于衷。幼崽的母亲激烈地想推开雄性，却只能等到幼崽断气，约 40% 的幼崽死亡归咎于成年雄性的虐杀 [41]。

雄性主导的杀婴并不罕见。哺乳期的母亲通常没有交配意愿，雄性如果遇到了一个单亲妈妈，就可能杀婴迫使她提前进入繁殖状态，毕竟他一不愿意替别人养孩子，二不愿意等待。杀婴风险可能促使灵长类演化出了一夫一妻制，这样雄性就不会对自己的孩子痛下杀手，母亲也不必承担失去孩子的痛苦。

虽然在上述场合中，拼爹的意义多于拼妈，可有些时候刚好相反，只有一小群雌性拥有生育能力，这时如果你妈不厉害，你根本就没有见到世界的机会。在一些合作繁殖的真社会性物种中，甚至会有一个雌性垄断生殖，此种情况下，雌性之间的竞争强于雄性，战斗能力爆表的雌性的孩子更可能留下来。比如，十分凶悍的雌性狐獴获得生殖权后会二度发育，加长的体形有助于压制其他雌性 [243]。

研究发现，不仅雄性会杀婴，雌性也会。如前文所说的，真社会性动物只有女王有生育资格，地位低的雌性一旦僭越生子，女王就会对新生儿痛下杀手。比如，地位高的雌狐獴才有生殖的权力，为了维持生殖垄断，她们制定了一系列规则，以惩罚越界的、地位低的雌狐獴。

如果地位低的雌狐獴和女王的后宫男宠偷腥，会遭到驱逐，离开群体，单个个体无力生存，性和命，只能二选一。有些地位低的雌性强行赖在群里，顽强地生下宝宝，这时候女王就会使出第二招，吃掉这些不该出生的孩子。地位低的雌性的孩子，只有50% 的概率活过出生后的 24 小时，一个重要原因就是杀婴。但也别以为那些地位低的雌性都是吃素的，寻到机会，她们也会对女王的孩子痛下杀手，类似心态从宫斗剧中可窥见一斑[244]。

嗜蛋如命的母鸡，也热衷于吃掉地位低的母鸡的蛋。有繁重生育任务的雌性非常需要蛋白质，别人的孩子就是很好的蛋白质来源。

除了杀掉别人的孩子，父母直接或间接杀掉自己的孩子也不罕见。三趾鸥妈妈通常会下两个蛋，一个主要蛋（老大），一个备胎蛋（二胎）。如果老大、老二都成功孵化，老大就会猛烈地啄击晚几天出生的老二，老二全无还手之力，只能被赶出巢穴，跌山断崖丧命。如果老大没出生就挂了，父母就会把对老大的爱转移到老二身上，这样老二才能平安长大。不能人工流产的三趾鸥父母，用残忍的方式执行了计划生育[245]。

许多动物父母都不会干预孩子间的霸凌。后出生的孩子因为体力弱小，竞争不过先出生的孩子，不能抢来充足的食物，这又导致它们长得更加瘦小，二胎因为营养不良而夭折的情况也时有发生。

然而，白颊黄眉企鹅却刚好相反，会选择留下后出生的小孩。黄眉企鹅妈妈在繁殖季先下的两个蛋通常比后面下的蛋小，这两个蛋总是会莫名其妙消失，等不来孵化的一天，原来企鹅妈妈看不上小蛋，把它们踢出窝了[246]。

科学家还观测到几例长须柽柳猴妈妈吃掉自己孩子的犯罪。根据现有资料推测，妈妈吃掉孩子的时候孩子可能还活着。吃掉自己花大力气生的孩子有些解释不过去，学者只能猜测，也许她缺少助力者一同带孩子，觉得自己没办法成功养育孩子，不如把它吃了[247]。可孩子只是因为亲爹不要它了，母亲要改嫁了，就白白失去了生命。两性间的争斗，同性间的竞争，都是两个有自由行事能力的个体做出的选择，但孩子还不能做选择，就在争斗中被牺牲了。

三、喜欢她，才生下它

在大多数物种中，雄性只管交配，雌性负责生孩子，雌性的生育成本远高于雄性。但在宽吻海龙和棕海马中，情况恰好相反，雌性只想交配，雄性负责生孩子。海龙科的雄性长期占据动物界模范父亲的宝座，因为他们接过了媳妇的生育重担，负责怀孕产子，其中的明星动物海马更是家喻户晓。性角色反转不同于性别反转，动物们只是扮演了之前异性会扮演的角色。雌性拥有过剩的卵子，雄性育儿袋容量却有限，雌性热烈地追求雄性，在水中尽情摇摆，以优美舞姿俘获雄心，一旦雄性接受雌性求爱，就会允许她把生殖器伸到自己的育儿袋中产卵，自己再产生精子使卵受精，最后一心一意怀孕生子[248, 249]。

然而科学家发现，对于海马的近亲——海湾海龙而言，雄性虽然也能怀孕，但却未必称得上是一个好爸爸。海龙爸爸孕育孩子的尽心程度非常投机，和孩子它妈的质量成正比。研究人员发现，雄性喜欢身材高挑的雌性，但是如果遇到的雌性太矮，他们也可以将就着交配一下，但并不一定会顺利产下这些“劣质”雌性的孩子。

怀孕生娃对身体有巨大损耗，这一点不论雌性还是雄性都逃不掉，因此海龙爸爸需要平衡每一次的生育投资。如果遇到了优秀的海龙妈妈，海龙爸爸成功孵化宝宝的概率会大大增加，反之，则更可能流产。

研究者给出了两种解释：第一种，海龙爸爸如果喜欢自己的配偶，就会主动多给宝宝输送养分；第二种，如果海龙妈妈优秀，胚胎从父亲体内攫取养分的能力便会更强。统计学分析显示，第一种可能性更大。

海龙爸爸很偏心，如果令他第一次怀孕的对象质量低下，他便会节省能量等待第二春，如果第二次怀孕的对象质量上等，他瞬间就可以从渣爹变成好父亲[250]。

生育问题上，爹狠心，娘也狠心。研究发现，子宫内膜可以感知胚胎质量好坏，能够及时发现染色体异常、分裂异常等问题。如果子宫内膜觉得这个胚胎不好，就会发起一顿免疫攻击，自己带着胚胎一起脱落。刚怀孕的时候最容易自然流产，也正是这个原因。一项有 560 名女性参与的研究表明，自然流产次数多的女性其实拥有很高的生殖能力，因为她们的子宫对胚胎的甄别更严格[170]。站在母亲视角看，放弃一个有缺陷的胎儿可以把更多的资源留给之后的健康胎儿。可站在孩子的视角看，它们只因为自己不够完美，就被父母理直气壮地放弃了。

四、孩子与父母的战争

进化论肯定了生物行为背后的理性，而现在它的美丽而晴朗的天空却被几朵乌云笼罩了。乌云，会不会带来暴风雨？

两性争斗中，我们总会忽略第三方——孩子。孩子是争斗的起点，争斗的战场，也是争斗的结果。但在这场力量悬殊的博弈中，孩子几乎没有胜算。

父母真的有权决定孩子生死吗？这个伦理层面的问题或许很难回答，我们都是从一个被决定的受精卵发育而来，从来没有人问过我们想不想来到这个世界。等到我们能够被问这个问题的时候，我们已经存在了。

如果问题换一种形式，父母能够决定孩子生死吗？那么，生物学上的回答是肯定的。很不幸，在父母这一堵石墙面前，孩子脆弱得连鸡蛋也不如。但哪怕是作为一颗蛋，孩子也没有放弃抗争。

金丝雀宝宝在自己还是一颗鸟蛋的时候，就已经盘算起了未来怎么找妈妈多要一些吃的。实验人员把雌性金丝雀分为两组，一组在下蛋前和下蛋期给予营养丰富的食物，一种给予质量低下的食物。检测发现，在营养充足组的雌性的粪便中，雄性激素的含量显著高于质量低下组，并且，鸟宝宝孵化之后，宝宝粪便中的雄性激素含量也相应偏高。

这是因为，鸟宝宝向父母乞食的强度和蛋内雄性激素浓度正相关，也就是说，如果妈妈下蛋期营养好，宝宝出生后乞食强度也高。这一点有适应性意义，如果妈妈营养好，说明环境中食物储备量大，妈妈取得食物不用特别费劲，这时候会哭的娃娃就有食物吃，鸟宝宝的乞食强度会更高。相反，如果妈妈养活自己都很困难了，那孩子再怎么叫也得不到多少食物，不如省点劲。

这说明，宝宝能够感知到母亲的状态，审时度势，充分利用母亲，在妈妈心情好的时候，扯着嗓子喊着“饿饿饿”。然而，另一种解读也可能是成立的，在食物萧条的情况下，为了让熊孩子闭嘴，妈妈故意在蛋里少添加了一些雄性激素，以减轻自身压力[251]。

科学家坚信，在母婴冲突中，婴儿并非完全坐以待毙，毕竟人类的幼崽虽然不会捕食，不会行走，但是会哭啊！

早在三十多年前，就有被婴儿啼哭逼疯的学者提出了一个假说——婴儿半夜哭闹是为了降低父母性欲。多少年来，我们认为这只是因为婴儿的身体没有发育好，不懂得在正确的时间干正确的事情，但这个假说指出，永远不要低估一个孩子的心机。

毫无预兆的尖声哭泣是最好的避孕药。如果父母夜晚休息不好，那么他们根本就没有精力进行剧烈运动，即使他们的欲望战胜了疲惫的身体，父母还得提防运动进行到一半时，突然需要冲奶粉换尿布[252]。

为什么婴儿要冒着被爹妈踹飞的风险坚持捣乱呢？塞内加尔的一项研究表明，在当地，如果大宝出生一年内父母生了二宝，那么大宝的死亡率为16%；如果没有生二宝，则大宝的死亡率只有4%。为了充分占有父母的爱，大宝当然要费尽心思阻止爹妈生出一个竞争对手[253]。

不仅如此，在哺乳动物中，孩子和母亲的战争，在子宫里其实就开始了。

胎儿希望获得更多的营养，他们把自己的胎盘深深地插入母亲的子宫内膜，与母亲争夺血管控制权。母亲则希望优先保障自身，一旦胎儿威胁到母亲，她们可以及时掐断血液营养供应。然而胎儿是自私的，他们希望要有氧气的时候就有充足的氧气，需要食物的时候就有源源不断的食物。他们甚至想要往母亲的血管里释放荷尔蒙，操纵她们的行为，比如无节制的饮食[254]。

胎儿的自私是天性吗？这是否是因为基因的“不可过河拆桥”属性，让那些曾让父母疯狂攫取祖父母资源的基因传给了下一代，导致曾经啃过的老都被孩子啃了回来？又或者是父亲要孩子多多掠夺母亲的资源，母亲让孩子多多掠夺父亲的资源，孩子被迫成了两性冲突的承载者？

有许多实验证实了第二种假设。研究人员收集了来自两个地区的同种胎盘生殖的美丽异小鳉。一个地区的两性冲突比较严重，胚胎里来自父亲的基因非常凶悍，一心只想要孩子多去吸母亲的血，不过母亲在长久的对抗中也能够抵御被吸血。另一个地区的两性冲突稍弱，来自父亲的基因没有那么强的进攻性，母亲也没有那么强的抵抗能力。

研究人员进一步将两个地区的鱼进行杂交发现，强雌和弱雄杂交的后代，重量只有强雌强雄后代的72%，弱雌和强雄杂交的后代，重量是弱雌弱雄后代的1.57倍。

这个结果说明，雄性有能力操纵后代从母亲那里获取更多营养，哪怕这种消耗对母亲而言并不划算，很可能降低寿命或者将来的生育能量。不过滥交的雄性并不在乎孩子妈的健康[255]。

或许母亲也有办法让父亲多带孩子，不过自然界中抚养孩子的父亲还是很少见，可见母亲的操纵并不怎么成功。

如上文所说，鸟类母亲可以通过操纵蛋里的雄性激素含量来控制孩子的乞食频率，从而让父亲在投喂过程中多出一份力，又或者母亲可以生产漂亮的蛋，让父亲觉得孩子优秀，从而多付出一些。可是这种操纵总是不如子宫里的真刀真枪来得得心应手[256]。

孩子贪婪，父母无情，一方想索取，一方想控制。但谁都说不上错，父母和子女只是被放置在旺盛的性别冲突之中，不得不斗争。但如果你用来反抗父母的那一部分基因依旧来源于父母，那还是你在反抗吗？

五、青春期是作死的年纪

尽管孩子在反抗，但有时孩子的选择确实不太理智。事实上，青春期作死是哺乳动物的共性，什么新鲜玩意都想试试，结果就把自己作死了。由于生物在青春期的行为、神经、荷尔蒙等方面的转变太过明显，也吸引了不少学者展开研究，各国政府也因头疼于青少年问题而纷纷相助。

无论人还是动物，青春期都是大脑发育的关键时期，大脑改变会造成行为改变。行为改变主要有三点：第一，无视风险；第二，和同龄个体的社交增加；第三，追逐新奇事物[257]。这三点，都能共同导向作死的结果。

为了验证青春期的动物面对危险也要勇敢作死，实验人员将小鼠放在了40cm高的高架十字迷宫上，高架十字迷宫有四个臂，其中两个臂有栅栏，小鼠行走其间不会掉下去，两个臂没有栅栏，稍有不慎就会摔下去。

实验对象分为三组，幼年鼠、青春期鼠和成年鼠。研究人员分别记录下它们花了多长时间才最终跑到栅栏区和无栅栏区，心理建设的时间越长，说明越抗拒。

结果发现，幼年鼠和成年鼠非常珍惜它们的小命，对安全的栅栏区没有抗拒，来去自如，但是它们几乎等到实验结束都不愿意踏上危险的区域。可是青春期小鼠放纵自己的天性，对危险视而不见，没有显示出对栅栏区和无栅栏区的喜好差异，多次作死地跑到悬崖边试探[258]。

多项研究还发现，青春期生物更喜欢和同龄伙伴社交。增加社交可以带来许多好处，比如，生活中更容易合作。但是也有研究发现，相较于一个人待着，处于同龄群体中的个体，作死的风险更高。

实验人员开发了一个游戏软件，让志愿者操纵游戏中的汽车，如果交通指示灯由绿变黄，就要把车停下来。根据停车所花的时间，可以算出志愿者的冒险指数。研究人员招募了三组志愿者，青春期组 13～16 岁，青年组 18～22 岁，成人组 24 岁及以上。每组又分别被随机分成两个小组，一组个人作战，一组团队作战。

测试结果显示，一个人驾车的时候往往还比较谨慎，但当几个同龄人聚在一起，就开始大胆作死闯红灯了。而且，青春期和青年期的人比成年人更容易受到同伴的影响。这说明青少年更容易服从群体意见，哪怕群体意见往往是危险的[259]。青少年融入社会、享受群体福利的同时，不可避免地会被社会改变。他们期待获得同伴的认可，害怕被拒绝，这种从众效应会在 14 岁时到达顶峰[260]。

不过，从另一个角度看问题，人多比独行更安全，抗风险能力也更强。独处的时候万一出事都没人来救，所以必须加倍谨慎，人多的时候危险系数小，作了也不容易死。一个人过马路最好等红灯，但是如果有几十个人一起闯红灯，车就得停下来。

但也不是所有成年人都讨厌风险。研究发现，政客[261]和投资人[262]有高于常人的冒险倾向，他们似乎对风险有独特的偏好，对风险可能带来的负面结果有更大的承受力。政客需要做影响深远的决定，多数时候政策得失都很难计算，可政客却不得不为大众做决定。政客的冒险特质一方面可能使决策偏离大众利益。另一方面，政府机构本身就承担了高风险，不爱冒险的人不适合做政客，这或许是一种基于个人特质的合理分工。

新的刺激总是诱惑与风险并存。青春期个体并非为了作死而作死，而是为了探索新的环境，但不巧的是，新的环境通常都有各种坑。

实验人员把成年大鼠和青春期大鼠分别关在一个无法逃脱的新环境里 5 分钟，处于新环境下的大鼠会四处探索，排除危险，寻找食物来源。测量后发现，青春期大鼠运动的总距离显著比成年大鼠高 13%。不仅如此，如果在它们的小窝里放入新的物品，青春期大鼠对新物品也更感兴趣，虽然这个差异并不显著[263]。

青春期是生物个体从父母那里获得新的生存技能的关键时期，在这个发展时期，追求新刺激有助于探索新领域，寻找新食物和伴侣[264]。

青春期大脑和成年期大脑不同，某种程度也可以体现为对新鲜刺激的喜好不同。在一种蜜蜂群体里，有四处寻找新的食物来源的侦察蜂和接受侦察蜂命令定点采蜜的工蜂。研究发现，两种类型的蜜蜂大脑里神经递质多巴胺和谷氨酸的受体表达强度明显不同[265]。

根据同样的逻辑，研究人员发现青春期大鼠相比成年大鼠更加容易冲动和有强迫性行为，这可能是因为情感系统追求奖励导致产生冲动行为。研究发现青春期强迫性行为和前岛叶皮层（AIC）中早期基因的 mRNA 表达水平低有关，AIC 负责内外感知觉整合和认知行为控制，而这个认知情感中心如果没有发育成熟，可能会导致青春期个体做出偏向情感驱动，而非理性驱动的决策。使用化学遗传学技术激活 AIC 区域后，青春期大鼠的强迫性行为的确降低了[266]。这也许可以部分解释，为什么青少年更爱寻刺激，更爱作死。

青春期为什么这么独特？因为动物们要学着独立——从一个要爸妈喂的宝宝成长为一个可能会和爸妈抢繁殖机会的青少年。等到它们长大成人，爸妈也终于要对它们下手了。

绝大多数会照看后代的物种中，孩子一到青春期，父母至少要赶走一个性别的后代。如果后代死赖在家里啃老，父母就会延迟它们青春期的到来。

实验人员把幼年雄性田鼠分为两组，一组在干净的草垫上长大，一组在沾了爸妈体味的草垫上长大，结果伴随爸妈体香长大的雄性青春期延迟了。

研究人员进一步分析了这影响到底来自于妈还是爸。他们采用同样的方法进行实验并得出了结论——妈会抑制儿子的性成熟，和妈妈一起长大的儿子性成熟得晚，睾丸的重量也要轻一些。与之相对，爸对儿子性成熟的影响是正面的，和爸爸的体味伴随长大的儿子睾丸重量比对照组还大。

但如果儿子睡在陌生雄性睡过的草垫上，睾丸重量则和对照组没有差别。研究人员认为，这可能是俄狄浦斯情结作祟，儿子是为了和父亲竞争，才发育出了更大的睾丸[267]。

母亲的诅咒对女儿也同样奏效，雌性加利福尼亚小鼠的性成熟会被母亲甚至陌生雌性延迟，但是和上文所说的雄性小鼠不同，雌性小鼠并不会被气味影响，只有和母亲或其他雌性有直接或间接接触，才会影响她们的性成熟速度[268]。

再也不能在父母的庇护与压抑下生存的青春期动物，最终会被踹出家门，它们只能和年岁相仿、同病相怜的伙伴联合，共同闯荡未知的世界。

第十章 爱与和平

LOVE AND SEX in THE ANIMAL KINGDOM

一、有博弈，也相互需要

自然界存在稳定的无性繁殖系统，像是细菌的自我复制，也有稳定的两性繁殖系统，比如人类。但介于无性繁殖和两性繁殖之间，还有复杂的混合繁殖系统，主要存在于拥有雌雄同体个体的群体中。雌雄同体又大致分为两类，第一类是可以变性的生物，第二类是同时具有雌雄性腺的生物。

针对第二类，又可分为四种形式[269]：

①雌全异株：雌性＋雌雄同体；

②雄全异株：雄性＋雌雄同体；

③三性异株：雌性＋雄性＋雌雄同体；

④单性雌雄同体。

理论上认为，混合繁殖系统不稳定，只是演化中的过渡状态，故十分稀少。“雌性＋雄性＋雌雄同体”的形式通常不会在一个世代出现，常常是跨世代出现，比如，一个世代是两性繁殖，下一个世代是自交繁殖。“雄性+雌雄同体”也很少同时出现，“雌性+雌雄同体”则更少[270]。全是雌雄同体的物种有过报道[271, 272]，但极为罕见。

雌性同行的群体内部自由组合一下，可以得到以下几种混合繁殖系统的交配方式：

①雌全异株：雌性+雌雄同体，雌雄同体+雌雄同体，雌雄同体自交；

②雄全异株：雄性+雌雄同体，雌雄同体+雌雄同体，雌雄同体自交；

③三性异株：雌性+雄性，雌性+雌雄同体，雄性+雌雄同体，雌雄同体+雌雄同体，雌雄同体自交；

④单性雌雄同体：雌雄同体+雌雄同体，雌雄同体自交。

针对特定物种，以上所有可能未必都被穷尽。比如，秀丽隐杆线虫由雌雄同体和雄性组成，但只能自交或者雌雄同体与雄性交配，雌雄同体的个体不能和另一个雌雄同体的个体交配[273]。蚯蚓则不同，雌雄同体个体间可以交配并同时受精[274]。

那么，雌雄同体究竟从何而来？

就植物而言，常常是先出现雌雄同体，再出现雌性与雄性的分化。动物则相反，常常是先出现雌性和雄性，再出现雌雄同体。雌雄同体的植物随处可见，自交也经常发生，但动物很少见。

那么，为什么已经出现了两性，却要“退回”模棱两可的模式？如果自交的交配效率是100%，为什么还存在雌性或雄性和雌雄同体个体的远交交配？我们只能推测，雌雄同体是暂时性的状态，是动物长期找不到对象而对现实做出的妥协[270]。

二、即使可以自交，也需要雄性

有一种假说认为，雄全异株（也就是“雄性 + 雌雄同体”）系统中的雌雄同体个体是由雌性演化而来，雌性长期处于雌多雄少的性压抑之中，偶然一个突变使雌性也拥有了雄性性腺，得以自交繁衍，就如女儿国的女人们可以喝子母河的水产子一样。

既然自交可以有效地繁衍，为什么雄性还能稳定地存在呢？这可能是因为有性繁殖相对于无性繁殖更有优势，自交丧失了有性繁殖的精髓[275-277]。为什么这么说呢？因为有性繁殖可以抑制近亲繁殖，所以女儿国的女人们遇到了男人，不管香的臭的，都如获至宝。还有一种可能是，雌雄同体配子减数分裂有小概率会出现染色体不分离。通常情况下，雌雄同体生物应该产生两个 X 的配子，两两结合后，形成 XX 的后代，然而如果分离出错，可能就会产生一个 XX 的配子，一个没有 X 的配子。没有 X 的配子和正常的 X 配子结合后，产生 X 的后代，即为雄性。所以，雌雄同体的个体自交依然能产生一小部分雄性后代。

既然雄性如此吃香，为什么雄性没有占据主导地位？如果雄性和大部分雌雄同体交配，导致雌雄同体的精子使用率低，最终是否会令雌雄同体个体的雄性基因突变丢失，变为单纯的雌性呢？同样以秀丽隐杆线虫为例，雌雄同体个体携带的性染色体为XX，雄性的性染色体为一个X。雌雄同体个体彼此结合，可以产生两个XX配子（即雌雄同体的后代），雌雄同体与雄性结合，将产生一个XX配子（雌雄同体的后代）和一个X配子（雄性后代）。由此可以看到，虽然雄性在性选择中占优势，但只能产生一半雄性后代。因为雄性的初始比率很低，雌雄同体自交就变得不可缺少。

两性互相需要，但也有一些极端的雌性化案例。不过，即使由于外部原因，一个性别消失，剩下的另一个性别也会尽力去分化成两种性别。

沃尔巴克氏体是母系遗传的生殖细菌，对雌性友好，但对雄性极其不友好。感染的雌性生下的孩子都是雌性，被感染的雄性和雌性交配后娃都胎死腹中，除非雄性和雌性感染了同一株沃尔巴克氏体，但这样被感染的雄性也几乎等于不育了。为什么被感染的雌性生下来的都是雌性呢？其中包含两种主要机制：一种是雌性化，比如被沃尔巴克氏体感染的黄蜂，原本未受精的卵应该发育为雄性，可是最后却发育为了雌性；另一种是杀死雄性，把雄性胚胎全部杀死[278]。

雌性虽然不会直接受影响，但是把汉子都扼杀在摇篮里了，以后还怎么生孩子。有两种珍蝶便深受其害，超过90%的雌性都感染了沃尔巴克氏体，一代代雌生雌，导致雄性几乎绝迹。取样发现，当地94%的雌蝴蝶都是处女[279]，在别的节肢动物中，都是雄性带着食物追求雌性，而在这种蝴蝶中遍地可见举着食物求交配的雌性。值此生死存亡之际，有一些物种的雌性毅然决然做出决定，把一部分雌性变为雄性！

比如，球鼠妇。原本球鼠妇性染色体组成是ZW的为雌性，ZZ的为雄性，但被沃尔巴克氏体感染的ZZ雄性个体会发育为雌性，并继续和ZZ雄性交配，它们生下的后代均为ZZ雌性。而被感染的ZW雌性和ZZ雄性交配后生下的后代一半是ZW，一半是ZZ，均表现为雌性。久而久之，性染色体组成为ZW的个体越来越少，群体里充满了变性的雌性（ZZ），直到W染色体消失。性染色体的丢失并没有让球鼠妇丧失生存的勇气，而是积极寻求解决办法。研究人员发现球鼠妇群体中重新分化出了雄性。原来是因为沃尔巴克氏体的一段基因水平转移到球鼠妇的常染色体中，拥有这一段基因的便会发育为雌性，没有这一段基因的则发育为雄性[280]。于是，球鼠妇拥有了全新的性别决定系统，重新生长出了雄性。

三、精子的世界里，不止有竞争

宏观尺度上，雌性和雄性可以合作，微观尺度上，精子的世界里不止有竞争，也有合作。

说到精子，大家脑海里浮现的可能是一只傻乎乎乱窜的蝌蚪。这只蝌蚪可分为四个部分——顶体、头部、中部和尾部，最前端的顶体负责释放顶体酶，用来融化进入卵子的通道，头部装载最重要的遗传物质，中部则存放线粒体以供能，细长的尾部提供前进动力。

但精子不只有一种形态，甚至在同一个个体内，精子都可以长得不一样，这被称为精子多态现象。很多无脊椎动物可以同时生产正常精子和辅助精子，正常精子里面有一套染色体，拥有正常的功能，辅助精子内没有或缺失部分染色体，没有受精能力[281]。精子的唯一使命就是让自己的染色体在另一个个体中延续，但辅助精子连染色体都没有，它们图什么呢?

学者们提出了很多假说，试图解释这种现象。

最开始大家都说，异常的精子只是精子生产线上的残次品。错误是生活的常态，降低错误率需要付出高昂的代价。我们误以为，生活本该一丝不苟、严丝合缝，其实“正常”才是无数误差交织中的碰巧完美。质检成本高，收益低，不如不要那么认真，反正异常的精子在雌性体内也会被筛选掉[282]。

当然，演化生物学家就是要从一切无序中找到规律，他们坚持认为“存在即合理”。虽然错误也很正常，但理论上越早预防，日后遭受的损失就越小，早期筛选出异常精子，可以修复，如果修复成本太高，可以消化后再利用。而辅助精子没有被修复或消化，仍旧如此普遍地在生物中存在，必有蹊跷。

于是，他们提出种种假说以支持“辅助精子是有用的”，包括帮助正常精子获得受精能力，为正常精子提供营养，运输正常精子，在精子竞争和操纵雌性方面助力等。

一种观点认为，有些动物射精前的精子并没有受精能力，射精后在辅助精子的帮助下才能逐步成熟。比如，家蚕蛾射精前的正常精子和辅助精子都是不能动的，随后辅助精子抢先获得移动能力，并在前往雌性储存精子的器官的道路上，一步步帮助正常精子动起来[283]。另有观点认为，辅助精子在精子移动的过程中发挥了重要作用。比如，辅助精子充当了移动的小奶瓶，在正常精子精疲力竭的时候，它们会燃烧自己，为其供能。还有的认为，辅助精子会在运输精子的过程中起作用，有些正常精子会趴在巨大的辅助精子上搭顺风车。有时候，为了防止正常精子在受精路途中流失，辅助精子会形成一张保护网，把正常精子兜在里面。比如，体外受精的长海胆的辅助精子有两条尾巴，互相勾连，把正常精子包裹在里面，防止被海水稀释[284]。此外也有观点认为，辅助精子会为正常精子挡刀。当有其他雄性的精子加入竞争，企图破坏自己精子的时候，辅助精子会承受伤害，有时候还会主动砍别人一刀。最后还有的认为，辅助精子可能会堵在雌性生殖道内，阻止其他雄性的精子进入。总而言之，辅助精子虽然有用，但一生下来，命运就被决定了，它们没有争夺王冠的权利。

就算没有辅助精子，精子也未必总像一盘散沙，孤独寂寞地冲锋陷阵，在强大的外敌面前（凶残的雌性生殖道和竞争对手），来自同一个个体的精子也会表现得充分团结。

精子军队讲究排兵布阵。雌性体内的环境对精子来说就是地狱，多待一秒，伤亡指数都会成倍增长。为了减少伤害，加速前进，精子会联合在一起，头摞在一起是精子堆积，首尾相连是精子火车，精子的尾巴缠绕在一起是精子束[285]。

精子放弃了独立自主，联合在一起的动力是什么呢？这就需要了解精子的制胜秘诀——跑得快、活得久、穿得透。有几种假说试图说明联合在一起的精子比单打独斗的精子有优势。第一种假说指出，精子联合在一起跑得更快。跑得越快在精子竞争中就越有优势，联合在一起形成的精子堆积产生的前进推动力更大。第二种认为，联合的精子活得更久。精子们包裹在一起时，只有最外层的精子暴露在危险环境之中，内部的精子可以最大限度地保存实力，到达接近卵子的地方之后，单个精子再游离出来。第三种假说认为，精子团结起来更容易穿透卵子。因为多个精子的顶体聚集在一起同时释放顶体酶，会加快融化通道的速度。虽然各种假说层出不穷，但其实还没有哪一种被实验完全证实[286]。

四、公平交易，要爱不要暴力

交配过程还是有平等可言的，雌雄同体的生物可以实现相当的两性平等，公平交易，要爱不要暴力。这种公平的性交易也可以分为两种类型——卵子交易和精子交易。

卵子交易发生在卵子是稀缺资源的物种中。在体外受精的横带低纹鮨[287]中，追求者会以雌性身份诱惑被追求者，达成协议后，追求者会先排几个卵子以示诚意，被追求者再排出精子。第一轮交配后，双方交换性别，轮到被追求者排出卵子，追求者排出精子。如果被追求者骗炮后逃跑，情侣关系就会终止。但由于追求者没有用光自己的卵子，只是出了几个进行试探，损失也被降到了最低。如果被追求者诚信交易，第二轮交配顺利进行，那么双方会再交换性别，如此往复，直至卵子使用完。

同理，精子交易发生在精子是稀缺资源的物种中，与卵子交易情形类似，只是性别角色反转。在体内受精的海蛞蝓[288]中，海蛞蝓追求者会以雄性身份接近被追求者，互生好感后，追求者先插被追求者一下，把少量精子送到其体内，然后抽出丁丁。接着，被追求者反过来插追求者一下，把自己的少量精子送到它体内，再抽出丁丁。如此循环往复，直至双方的精子使用完。

五、聪明是新的性感吗？

除了在交配中有可能实现“爱与和平”外，有些动物的择偶过程也能以比较温和的方式进行。以暴力作为择偶标准并不能涵盖所有情形，即使先天条件不好、不会打架、长得不帅，也依然有追求爱的权利。

底层雄性猿类欣喜地发现，做一枚暖男也可以俘获佳人芳心，于是他们频繁给雌性顺毛表达爱慕之情。雌性看他们这么有耐心，让自己心情愉悦，还愿意照顾孩子，提供食物，也就原谅了他们的平庸，接受了求爱[289]。在不少物种中，雌性并不关心雄性的社会地位，而更看中对方能提供什么，以及能不能做一个好爸爸[290]。地位高的雄性可能交配完就做甩手掌柜，而地位低的雄性则会分担奶娃的重任。

不仅如此，雌性也看重雄性的智商。多年来，学界一直在争论一个问题——性选择影响了智商的演化吗？如果有影响，性选择的方向是让生物变得更聪明还是更蠢了？

支持性选择让生物变得更聪明的理论认为，雌性需要选择聪明的雄性，以生下聪明的后代，聪明的雄性后代才能打败其他的雄性，抱得美人归，或者聪明的雌性后代才能挑出质量高的雄性，生下质量高的后代。总而言之，聪明爹妈生的孩子生存能力更强。

反对性选择让生物变得更聪明的理论则认为，大脑是个能量黑洞，人类大脑只占 2% 的重量，却要消耗 20% 的能量。为了供能给大脑，人类只能四处挪用资源，搞得免疫力差一点、生殖能力差一点，等等。所以，如果想要保有性感的外形、充足的生殖细胞，就得牺牲一点脑细胞了。

一夫一妻制与多配制，哪一种形式下的个体智商更高？这一问题的答案在一定程度上也可以回答性选择是否能让生物变得更聪明的问题。为了解释这个问题，研究人员人工强行培育了一夫一妻制和多配制各 100 代以后的两组果蝇。强行一夫一妻制社会里，性选择已经不起作用，因为所有雄性都被分配了一个配偶，可以生孩子。多配制社会就要靠实力说话，性选择会让某些性状加速演化。

100 代之后，两个组雄性果蝇的撩妹水平，一个天上一个地下。多配制的雄性显然很适合竞技场，生的孩子更多，更能够准确地辨别哪些雌性想交配，哪些完全没兴趣。

接着研究人员又设计了一个认知能力测试。当然，所有的认知能力测试都是精简过的，只具有有限的指导意义，是为了使实验量化而不得不做的处理。测试要了解的是果蝇的联想学习能力。研究让人员给果蝇闻一种气味，同时给予负面刺激，经过一段时间的训练，撤掉负面刺激，果蝇一闻到气味就会害怕。结果发现，多配制的雄性学得比较快，一夫一妻制的雄性学得比较慢，雌性无区别。这个有限的实验支持了性选择让生物变得更聪明的假说[291]。

可是，在四纹豆象身上，重复这个实验却失败了。

甲虫们被分为两组，一组采取严格的一夫一妻制，另一组乱交，可以自由地选择和哪些异性交配。35 代之后，多配制雄性的生育能力更强。

为了分别对雌性和雄性甲虫做认知能力测试，研究人员根据两性的喜好设计了两个实验。对雄性最有吸引力的是性，所以雄性的认知测试是能不能又快又准确地找到对象。对雌性最有吸引力的是食物，所以雌性的认知测试是能不能又快又准确地找到产卵地。

在雄性的测试中，研究人员在培养皿里粘了一只死甲虫，实验增加了一个变量，有的粘的是死雌性甲虫，有的则粘了死雄性甲虫，因为在自然条件下，找不到对象的雄性也会和其他雄性交配。找到死甲虫的时间和正确地与雌性甲虫交配是两个测试指标。为了简单，这个实验不考虑同性恋。实验结果显示，多配制的雄性找对象的速度显著更快，但是区分性别的认知能力却没有显著差别。

雌性的实验比较简单，雌性可以自由选择去一株高质量或低质量的植物上产卵，在高质量植物上孵化的后代食物更充足。然而，两组甲虫识别植物质量的认知能力并无显著差别，测试结论不支持性选择让生物变得更聪明这一假说[292]。

行为学的假设通常正反两面都能找到支持证据，如果还没有，那一定是还未被发现。另一则研究认为，生物会牺牲性行为换取智商，比如一夫一妻制的出现可能促进了大脑的演化。

多配制下雄性的睾丸身体比，在统计学上大于一夫一妻制的雄性，因为精子竞争的强度较高。生殖很耗能，脑子也很耗能，科学家对不同物种的系统发育进行比较分析后发现，多配制个体的大脑（和体形做过校正之后）比一夫一妻制个体的大脑小，雌性和雄性皆是如此。这说明一夫一妻制下有节制的生活让个体把更多的能量用在了大脑发育上[293]。

为了继续研究智商和性感程度是否负相关，另一个研究分析了孔雀鱼的性腺大小和大脑相对大小的关系。研究人员人为筛选了脑大鱼和脑小鱼，解剖后竟发现，性腺越大，大脑越大，反之亦然。这与之前的能量要在不同系统间权衡的假说不符。

这可能是因为：第一，聪明的鱼找到的吃的更多，所以身体发育更好，性腺也相应地发育更好；第二，大脑和性腺大的雄性本来就是高质量雄性；第三，不同系统之间的权衡通常在资源有限的情况下发生，这个实验可能没有控制食物量[294]。

绝大部分研究都是基于某些假设开展的，然而假设很多时候并未得到充分证实。比如，有这样一个基本问题，大脑的相对大小可以反映认知水平吗？

不少研究支持肯定性的结论，研究者通过实验发现，动物园里的 39 种动物解决问题的成功率可以用大脑的相对大小预测[294]。

可不同的声音也一直存在，比如，大脑皮层的复杂程度和学习能力之间也存在相关性。有学者认为，灵长类大脑皮质体积可以预测说谎能力，体积越大，说谎能力越强[295]。另一项针对灵长类的分析显示，大脑的绝对大小才是最好的测量方式。大脑越大越聪明，大脑身体比反而失去了解释力，所以不需要用体形做校正，这也间接说明，身体越大可能认知能力越好[296]。

争论持续了一个多世纪，这个问题还是没有办法获得确切答案，只能暂时搁置。

接下来的问题是，聪明的个体是如何被选择的？是因为我更聪明，所以异性更喜欢我？还是因为我更聪明，我更能分辨谁是质量高的异性？

有研究支持前一个假说，比如，雌性虎皮鹦鹉就喜欢看起来比较聪明的雄性。虎皮鹦鹉原产自澳大利亚一个干旱贫瘠的地方，找食物可能是一项非常重要的技能。繁殖季雌性负责孵蛋养娃，雄性负责找食物养配偶，所以雌性找一个投喂能力比较强的老公具有适应性意义。

研究人员设计了严格对照的实验，有两个雄性摆在雌性面前任其自由选择，雌性选择和谁待在一起的时间长就说明喜欢谁。实验结束后，研究人员带走了不被青睐的雄性，并传授其独门技能。

研究人员在培养皿里放了一个盒子，盒子里有食物，但是盒子需要三步操作才能打开，经过训练，不受宠爱的雄性熟练地掌握了盒中取食的技能。于是，研究人员心满意足地把他放回了竞技场，他当着雌性的面三下五除二就拿到了食物，留在一旁没有接受过训练的雄性在风中凌乱。

曾经的情场失意鸟成功地用自己作过弊的智商碾压了竞争对手，而雌性承认自己之前瞎了眼，开始显著地更青睐那个会开盒子的雄性。看起来比较聪明的雄性确实会获得更多生殖机会，将认知能力强的基因传递下去[297]。

另一方面，雌性的智商可能也很重要，这影响了她们是否能分辨出质量更高的异性。人工筛选 5 代后，研究人员把雌性孔雀鱼分成了脑大组、脑小组和普通组。雌性孔雀鱼对雄性的颜色有偏好。如果给雌性两个雄性挑选，一个雄性颜色好看、质量高，一个长得丑、质量低，脑大组和普通组雌性显著偏爱更迷人的雄性，但是脑小组的雌性则没有这种偏好，做出的决策并不是最优的，这可能是因为她们不知道对方好看不好看[284]。

大脑是个好东西，找对象的时候多半用得着。

六、一夫一妻制，是妥协还是共赢？

设想一下，一群海豹正在叽叽喳喳地讨论什么样的社会更好。它们即将投胎转世，但既不知道自己今后会是什么性别，也不知道自己的体力、智力在社会上能排第几。

雌性代表首先发言："由于雄性比雌性大得多，雌性几乎没有什么择偶的权利，也不能对头号雄性的求欢说'不'，所以我们认为，应该充分尊重个人的性自主，没有强迫，看对眼就在一起，看不对眼就分开。"

高等级雄性代表反对："雄性比雌性性需求大，不能不看个人体质就一刀切，雌性不交配或少交配不难受，可雄性憋得慌，雌性也需要照顾我们的生理需求。"

雌性代表反驳："那你可以用食物交换，共同养育后代，提供保护等。只要我们满意了，也是可以增加交配频率的。如果你们承认强迫性行为合理，那么雄性之间的性强迫也是合理的吗？"

高等级雄性代表接着发言："社会等级不就是高等级的可以支配低等级的吗？如果什么都按你们说的做，那等级还有什么作用？"

低等级雄性代表反驳道："等级只是划分稀缺资源使用优先级的，并不代表你可以伤害或者操纵一个个体，个体能力有差异，但人格是平等的。前 20% 的雄性占有了 80% 的交配机会，这对底层的雄性难道是公平的吗？你们算算投胎成高等级雄性的概率高，还是低等级的概率高。等级低了至死都是处男呢！老大一个人也不需要那么多配偶，不如分给大伙，实现从零到一的跨越。”

高等级雄性代表说：“谁说我不行，三四十个配偶我都能照顾好。”

低等级雄性代表继续说：“那我们底层群众就要联合起来推翻极权统治，交配是基本权利，不能被垄断。”

雌性代表接着说：“要讲理，不要暴力。你们朝代更替，把我的孩子杀了一茬又一茬，你们不心疼，我肉疼。反对一切暴力！”

雄性代表们计算了一下，给出了两种方案。一种方案是，地位高就能有很多配偶，但是对个体而言大概率事件是一个配偶也没有，有极大的不确定性，而且投胎时赌输了代价很惨痛。另外一种方案是一夫一妻制，每个雄性都有一个配偶，满足了基本的生育权，也更稳定。出于较普遍的对不确定性的厌恶，后者得到了更多支持，不仅如此，一夫一妻制还可以极大地缓解杀婴的压力，说不定雄性还可以帮忙带娃，一举两得。

再来设想一下，蓝鳃太阳鱼群体中的地主和小偷们聚集在一起讨论。群体中占 20% 的地主占有所有巢穴，剩余 80% 的小偷只能在地主交欢过程中横插一杠子。

地主代表说：“可供繁殖的巢穴是有限的，我们无法改变，现在要讨论巢穴的分配问题，我建议打一架，赢的人拥有巢穴。”

小偷代表说：“这对我们不公平，为什么一定要暴力对抗呢？凭脑子不行吗？凭长相不行吗？凭育儿经验不行吗？猜拳不行吗？”

雌性代表说："那么听我的，谁对我和我的孩子好，巢穴就给谁。"

地主代表说："我对你们好，遇到危险我可以帮你们击退，小偷小个子没有能力。"

小偷代表说："话不能这样说，我体形小，灵活啊，带着鱼卵就躲避了捕食者。我提倡不以暴力作为唯一标准，先天的体形劣势不能怪我，我们要更公平地竞争。你看地主又犯了这个错误。"

地主代表说："可是说来说去，暴力原则收益最大，也最容易执行，你能提出一个更好的法子？"

小偷代表说："那就先来后到，第一个发现巢穴的可以拥有这块领地，不准用暴力抢。"

地主代表发言："可是最好的资源就应该分给最有能力的。"

小偷代表说："发现巢穴也是一种能力，我看你是四肢发达，脑子进水了吧。"

雌性代表发言："只要你们不要在我交配的时候冲进来释放精子，充分尊重我的选择，我就支持，未经同意的性行为应当被谴责。"

如果动物们都可以通过讲理，来制定一个大家都认同的规则，这可能是最理想的社会。但父权社会不满足这一条件，母权社会同样不满足，最后的平衡点只有一个，就是平等。

一夫一妻制相比其他的多配制更为平等，但仍有漏洞可钻，那就是出轨。1968 年，牛津大学动物学系爱德华德瑞研究所所长大卫·莱克（David Lack）提出，93% 的雀形目鸟类都是一夫一妻制的[299]，该振奋人心的消息让众多人类感慨终于又可以相信爱情了。只可惜好景不长，科学家没多久就发现，隔壁老王无处不在。

雌性红翅黑鹂在理论上只拥有一个社会配偶，但实际如何呢？有一项研究描述了这么一件怪事。在一个地区，因为红翅黑鹂毁坏庄稼太厉害，人类一怒之下把该地所有雄性黑鹂都结扎了。然而，39 窝鸟蛋里面有 27 窝（69%）都孵出了小鸟，其中的 26 窝（96%）中的所有鸟蛋都受精了[300]。科学家们会心一笑，说明雌性和不在该地区常驻的雄性交配过。

一直到 20 世纪 90 年代，DNA 鉴定技术出现，首次证实了鸟类私生子的存在[301]。2002 年，西蒙·格里菲斯（S. C. Griffith）团队发现，在雀形目中，只有 14% 的鸟类是真正一夫一妻制的，大约 90% 的鸟类物种中存在私生子，在社会性一夫一妻制的鸟类中，仍有超过 11% 的后代是隔壁老王的[302]。

我们尚不明确一夫一妻制出现的动力，因为这极大地弱化了性选择。减少配偶个数和减少交配次数有利于雌性，她们可以以忠贞为筹码要求雄性付出更多抚养成本。但对那些富有魅力的雄性而言，一夫一妻制无异于晴天霹雳，而对底层雄性而言，他们终于咸鱼翻身了。一夫一妻制更利于抚养后代，虽然我们并不知道是父爱导致一夫一妻制产生，还是一夫一妻制强化了父爱。也有研究认为，一夫一妻制的出现是因为雄性讨配偶成本太高，娶一个就已经倾家荡产了，没办法再娶第二个。

格里菲斯的研究揭示出鸟类一夫一妻制下的真相。鸟类出轨率如此之高，让我们不禁感慨，某些雄性实在很辛苦，一边要看好自己的配偶，一边要调戏别人的配偶。对雄性而言，让别的雄性给自己养孩子简直是稳赚不赔的买卖，殊不知，大家都出轨，自己说不定也被绿了。但对雌性而言，其中的好处却并不明显，而且偷情一旦被老公发现，很可能就离婚了。失婚雌性容易日渐消瘦，娃也养不活，成本颇高。

那为什么雌性也要出轨呢？[①]

有研究认为，雌性虽然嫁了屌丝，但还是有一颗和高富帅缠绵的心，屌丝离婚后不容易找到新配偶，所以就算被绿了也不会轻易说分手。也有研究认为，雌性考虑的是万一自己老公不育怎么办，多找几个备胎万无一失。还有研究认为，在杀婴盛行的物种内，雌性会同时保持有多个性伴侣，以防止离婚再嫁后，新老公会杀掉自己和别的雄性生的孩子，因为他分不清这一窝幼崽里谁才是他的种。

另外一项研究比较激进，认为雌性出轨对自己没好处，只是和雄性共用了一套情感基因，她的父亲和儿子都可以从这套基因

---

① 1948 年安格斯·约翰·巴特曼（Angus John Bateman）发现雄性果蝇生殖成功的概率和他拥有的配偶数目正相关，但雌性果蝇生殖成功的概率和她拥有的配偶数量的关系并不大。因此，“雌性为什么要出轨”这个问题困扰了学术界几十年，至今没有一个确定性的结论。

中获得好处，她则默默“牺牲小我，成全大我”①。还有研究认为，多情的雌性生育力更好，控制二者的基因可能在同一条染色体上相隔不远，所以总是同时出现②[311]。

一夫一妻制极大地降低了性选择的强度，但出轨却为性选择提供了新的原料。

雌性的繁殖策略是性伴侣越优质越好[303]。研究显示，配偶过多或交配次数过多会减短雌性寿命（因为雄性会带来物理性或生物化学性伤害）[304]，降低生育水平[305]，增加死亡率（例如交配的时候被捕食），提高性传播疾病感染率。而优质雄性总是少数，因此一夫多妻制在动物界中比较常见，雄性为雌性提供保护（防止其他雄性性骚扰），雌性向雄性保证只跟你生孩子。但在性别比接近1的群体中，倘若一部分雄性拥有几个配偶，必然会导致一部分雄性没有配偶。某些极端情况下，可能发展为群体中一两个最强壮的雄性霸占了几乎所有雌性，而处于下风的雄性只能打一辈子光棍。比如，在海狮群体中，53%的雄性一个后代也没有，86%的雄性后代数量不超过2个，而领头雄性平均拥有高达33个后代[306]。

但这样的繁殖策略不总是有利的，生物世界缤纷多彩，繁殖

① 两性拮抗演化（Sexually antagonistic coevolution）：雄性的某种性状可能会被雌性选中，成为优势性状，但这种性状在两性中可能由同一套基因控制，而这套基因对雌性可能是不利的。同理，在雌性中被选中的一些性状相关基因，也可能对雄性是不利的。

② 连锁不平衡（Linkage disequilibrium）：两个或多个基因位点总是同时出现，一起出现的概率高于随机出现在一起的概率，说明这些基因并非完全独立遗传。

结构也多种多样，大致可以分为：一夫多妻制、一妻多夫制、多妻多夫制[①]、一夫一妻制和合作繁殖制。

一妻多夫制在昆虫中很常见。研究表明，雌性拥有多个配偶有助于提高后代生存率[307]，也许是昆虫脑子不够好使，雌性并不十分依赖交配前选择，而更倾向于“是骡子是马遛一圈再说”，谁的精子在生殖道里跑得快谁赢。另一方面，昆虫一次动辄生几百上千个娃，绝大部分在性成熟之前就挂了。雌性需要的不仅仅是质量上乘的精子，还需要基因多样性，以应对不同的环境挑战。假设某个雌性昆虫分别跟一个有抗杀虫剂基因的雄性、一个跑得快的雄性、一个能忍饥挨饿的雄性、一个脑子好使的雄性交配，那么她的后代在遭遇杀虫剂、捕食者、食物短缺、环境变化时，总有一部分能活下来。相反，如果她只和其中一个雄性交配，那么后代遭遇其他三种恶劣情况时就很可能全军覆没了。在许多昆虫中，交配行为可以刺激雌性产卵，殷勤的雄性也经常会带一些小礼品讨好雌性，从而提高雌性生殖力。

合作繁殖存在于鸟类、哺乳动物、鱼类中，通常表现为有其他帮手来帮小夫妻带孩子、喂食、筑巢等[308]，小夫妻因此得到了直接好处。但是科学家一直不明白帮手为什么要这么做，给别人奶孩子并不能给它们带来任何好处，甚至可能增加被捕食的危险。有人认为，这些帮手通常是小夫妻的亲戚，帮别人就是帮自己的

---

① 以上三者非互斥关系。

家族。有人认为，这些帮手是繁殖中的失败者，它们没找到对象，没建好自己的小窝，只能去帮助群体中的其他个体，为今后养娃练手[309]。还有人认为，动物天性里有利他的基因，它们无所求，只想帮助别人[310]。

那么，人类究竟选用了何种繁殖策略呢？

睾丸大小和身体大小的比值能反映物种所经历的精子竞争强度。在雌性和多个雄性交配的物种中，每个雄性当爸爸的可能性都减小了，于是他们演化出了更大的睾丸，以产生更多的精子。一夫一妻制中的雄性不需要竞争，可以最大限度降低精子产量，所以他们的睾丸就比较小。另一种衡量方式是相对睾丸大小，即睾丸大脑比（睾丸 / 大脑）。滥交成性的黑猩猩睾丸大小超过了大脑的 1/3，而人类睾丸大小仅为大脑的 3%，可即便如此，人类的睾丸大脑比依然大于更严格意义上一夫一妻制的长臂猿。从更加诚实的身体数据看，人类其实并不是严格的一夫一妻制生物，但人类很早就控制了对女性的交配权（通过一夫多妻制和一夫一妻制）[312]，所以不需要在交配上花费过多能量。

在一夫多妻制生物中，雄性之间争夺配偶的竞争很激烈，不断选择之下，两性间的差异也越来越大。相对而言，在一夫一妻制生物中，两性差异则几乎没有，而滥交的物种不是外貌协会，所以也不明显。然而，人类依旧有较为明显的两性差异，成年男性体重约为女性的 1.2 倍，男性有胡子，女性有胸，因此很难说人类是生物学意义上严格的一夫一妻制生物[313]。纵观历史，先后出现过的185个人类社会中，84%的社会都存在一夫多妻制[314]。在一项有194名女性、222名男性参与的调查中，22.2%的女性和27.9%的男性都曾出过轨[315]，人性也是动物性。

七、生育——当妈的贬值，当爹的升值？

社会关系的核心是性关系，有了性才有夫妻、父母、子女等关系。性，在横向上让毫无关系的两个个体得以基因重组，纵向上让基因可以在代际间传递。动物和早期人类群体多由血缘纽带联结，在此群体中，个体才能逐渐衍生出利他、合作等一系列社会行为。

早期人类或许并不明白交配和怀孕的关系，不清楚男人在生育中的作用[316]。因此，氏族由女性始祖沿着女性世系传递下去，母亲传给女儿，女儿传给外孙女[317]。生下来的男孩子属于母亲所在的氏族，但由于同姓不婚，他们需到别的氏族寻找妻子。女性可能同时拥有多个配偶，男性因为不能确定自己孩子的身份，孩子也不属于自己氏族，而吃了很多年的哑巴亏。

那个时候，遗产由本氏族成员继承，男性深感憋屈，辛辛苦苦挣一辈子钱，最后全给外甥外甥女了，自己连个承继香火的人都没有。以前，他们觉得女人生产非常神圣，到了年龄莫名其妙就生孩子了，所以屈服于女人的权威，但后来他们发现没有男人，女人也没办法怀孕。明白了自己不可或缺的作用，就可以谈条件了？

男人原本就在体力上优于女人，可以干许多女人无法胜任的工作。况且女人生产的成本实在太高，孕期行动不便，身体负荷加重，万一难产，不死也瘫，就算不难产，各种并发症、感染也会大大降低女性的生存质量。最倒霉的是，就算今年躲过了一劫，明年还要生。不能避孕且医疗水平低下，导致女性很难长期工作。

既然如此，男女便开始分工合作。男人对女人的要求很明确——你只和我一个人睡。女人的要求也很明确——你养我和孩子。二者一拍即合。男人掌控了女人的交配权后，后代身份明晰，财产当然要传给拥有自己 50% 遗传物质的子女，而不是只有 25% 相似的外甥外甥女。那么问题来了，男人要建立父系社会，女人想维持母系社会，究竟谁能获胜呢？母系社会中，女人和自己的直系女性亲属一起生活，与丈夫发生冲突时可以得到娘家强有力的支持，但在父系社会中，一个女人嫁到陌生的氏族，就处于孤立无援的境地了。

两性博弈过程中，雌性的撒手锏是，我滥交你就不知道谁是你的孩子，雄性的撒手锏是，你滥交我就不供养你。在多数一夫一妻或一夫多妻的动物社会中，雄性可以很大程度保证配偶生下的孩子是自己亲生的，而在多夫制的动物社会中，雄性和后代的联结被切断，虽然他们免于了父爱的劳作，可却无法传承自己的权力、领地和资产。

生育，标志了两性根本的不同。雌性生产代价极大，孕期需要摄入更多能量，觅食时间增长，行动不便，对应的被捕食风险也有所增加。雌鸟下蛋之后体重会显著减轻，而体重是衡量身体健康状况的重要指标。母鸡生殖道最细的地方直径不到 1 厘米，却每天要下一个半个拳头大的鸡蛋。女人分娩时的撕裂伤也可能导致大小便失禁，阴道顺产则可能增加脏器脱垂概率。非洲一些国家的女性分娩死亡率高得惊人，比如，尼日尔女性终身分娩死亡率高达 1/7[318]。

今天，虽然生产的风险已经极大降低，但生育给女性带来的职业上的牵绊依然不容忽视。在美国，女人每生一个孩子工资就降低 5%，35 岁以下的女性中，有孩子的和无孩子的收入差异甚至比两性收入差异还大 [319]。相反，男性有了孩子之后，时薪却有所上涨 [320]。这种现象被称为“当妈的贬值、当爹的升值”。因为女性生育黄金年龄和事业关键期重合，所以许多期望在学术界拿到终身教职的女性不得不放弃生子或延迟生子 [321]，而男性却没有这些束缚。

两性与生俱来的生理差异难以改变，不同个体的相处必然有冲突也有合作，性选择领域的研究长期聚焦对抗与博弈，是时候转换一下视角了。

八、动物世界的真爱

斑胸草雀在配偶孵蛋的时候，会站在巢周围的树梢上放哨，有蛇或其他捕食者出没的时候可以通知配偶逃跑。如果没有放哨，孵蛋的一方容易迅速被捕食者吞没，但放哨行为也会把放哨者暴露在危险之下。温顺的班胸草雀遇到捕食者时，他们的体形其实并不足以做出任何恐吓动作，以吓跑捕食者，他们也无法带着辛苦养育的蛋逃跑，遇到危险，蛋则难以幸存。因而，研究人员推测，班胸草雀的站岗和预警，并没有保护后代的作用，而更可能是为了保障配偶的安全。

另一种动物，红翅黑鹂也有站岗行为，但他们有能力吓退敌人，保护自己的鸟蛋。因此，研究人员推测，他们之所以愿意承担放哨的风险，则可能与生殖利益相关。班胸草雀就没有这一层利益考量，也许危险来临的时候，他们思考的是蛋没了可以再生，但是配偶没了就要伤心了[322]。

果蝇精液中的蛋白可能导致雌性产卵增多、寿命降低，但交配与生殖并不总是会伤害雌性的利益。心结蚁的蚁王、蚁后是终身单配制的。蚁王和蚁后在非常短的时间内大量交配，随后蚁王死去，蚁后将这些精子精心地储存在身体里，在一生中缓慢释放精子，以产生后代。有些种类的蚁后甚至可以持续用这些存货，受精卵子长达几十年。单配制的物种中两性的冲突降到最低，雄性蚁王注定了会在纵欲过后早早死去，那么他们传递自己遗传物质（繁衍后代）的能力则与雌性的寿命绑定了。于是研究人员发现，非处蚁后的寿命显著高于处女蚁后，说明交配与繁殖可以增加雌性寿命。研究人员进一步使用正常和不育的蚁王跟蚁后交配，发现生育后代和不生育后代的蚁后其实寿命无显著差异。这和我们通常认为的，生育会降低雌性寿命的假说相悖。和有生育能力的蚁王交配的蚁后产卵更多，但统计发现，这种对身体的损耗却并未影响她的寿命。蚁王是如何通过交配延长另一半生命的机制尚不得而知，但蚁王死后还默默守护伴侣生命的举措，的确让人动容[323]。

牛津的郊区有一片森林，里面有野生的一夫一妻制大山雀。研究人员在大山雀夫妻双方身上绑了 GPS，然后在山林的不同地方放置了食物基站。大山雀夫妻双方被给予了不同的门禁卡，每到一个基站，夫妻中只有一方可以进去进食，有的基站只有雄性可以进去，有的基站只有雌性可以进去。研究人员想知道，它们会不会为了食物而分开觅食？

如果要最大化收益，它们应该分开觅食，各自去寻找自己能打开门的食物基站。然而大山雀夫妇并没有分离，它们携手来到一个食物基站，其中一方进去大快朵颐，另一只就在外面守候，这一只吃饱了，它们再去寻找下一个食物基站。它们牺牲了自己的进食需求，付出了更多飞行成本，有时候他们需要找寻很久，但因为有爱，基站之间的距离再远，它们也不会分开[324]。

在这些动物里，为交配而斗争不再是他们生活的核心。他们的合作行为超越了单方面的利益计算，也超越了进化论的“弱肉强食”。为什么爱，为什么活着，不是终极的利益目标，是终极的人生问题。

九、为什么爱，为什么活着

达尔文在南美洲厄瓜多尔的加拉帕戈斯群岛发现了达尔文地雀，后者启发他写作了《物种起源》，所以在后世眼中，加拉帕戈斯群岛一跃成为达尔文主义者的圣地。笔者有幸在那里短期工作过，加拉帕戈斯信托基金会的主管安迪指着宁静的海滩对我说："加拉帕戈斯给厄瓜多尔带来了荣誉、金钱和仇恨。"

加拉帕戈斯旅游业已被寡头垄断，五天四夜的行程价格超过两万人民币，后来者根本无法从中取一杯羹，难免眼红。所有来厄瓜多尔旅游的人都是冲着加拉帕戈斯来的，厄瓜多尔人民享受着加拉帕戈斯带来的巨大财富，同时却愤恨不平，厄瓜多尔还有丰富的雨林系统，但游人却从不驻足。不过，如果不是加拉帕戈斯，想看热带雨林的人也会选择巴西、秘鲁，而非小小的厄瓜多尔。许多厄瓜多尔人因为昂贵的旅游价格都没有机会一睹加拉帕戈斯的风采，甚至加拉帕戈斯大岛上的居民，也都没有机会去无人岛游览。这更加剧了仇恨。

我们在岛上没有见到一片人类垃圾。安迪说："看我们的保护工作做得多好。"每一片海域、每一块岩石、每一个动物，都投注了来自游客、厄瓜多尔政府和达尔文追随者的大量金钱。"我们致力于恢复加拉帕戈斯的生态环境，恢复至它受到人类干扰之前。"他们正在给弗洛雷安纳岛（Floreana Island）上的所有猫做绝育，因为它们会偷食鸟蛋和乌龟蛋。等这一批猫死了，岛上就再也不会出现猫。

但最先给加拉帕戈斯带来毁灭性打击的不是猫，而是老鼠。它们恣意毁掉蛋和幼崽，岛上的动物在没有天敌的环境下生活了五百万年，早就忘记了恐惧和抵御。

人类准备消灭岛上所有的老鼠。首先他们将隔离家养动物和野生动物，之后用直升机向整个岛屿大量投毒，毒药降解之后，再把弗洛雷安纳岛周围小岛上的生物引入大岛。

“为什么要这么做？”我问。

“为了情怀，我从小就热爱动物。”安迪很陶醉。

“不，我是问，为什么要花那么多钱保护这里的动物？”

“为了维护生态多样性，一旦我们成功，这种方式就可以在全世界许多岛屿推广。”

“为什么要维护生态多样性？”

“因为动物是我们的朋友。”

我不好再问下去。人类做的所有努力都是为了人类自己，其实地球不需要被保护，46 亿年，什么极端情况都经历过。生物不需要被保护，从 35 亿年前走到今天，尸骨堆积如山，灭绝相比生存更是一种常态。人类保护环境，其实是为了人类的生存，人的身体没有那么快演化到可以适应污染的空气、水源和土壤，人的技术没有强大到有朝一日我们面对环境巨变时还能泰然处之。人类保护生态多样性是因为人类自知自己无知，活化石比死化石能提供更多信息，现存的生态环境能比照片提供更多信息。多样才能抵抗不可预知的灾难。人类与其他动物的血液相似，基因也高度一致，其他动物提供的信息可以帮助人类生存下去。所以，当保护动物所带来的利益超过了任其灭绝的利益，还有什么理由不握手言和？

那么，人类凭什么决定一种生物比另一种生物更重要？其实也是凭利益大小。为什么对老鼠赶尽杀绝？因为老鼠妨碍我们赚钱。为什么对细菌病毒毫不心慈手软？因为它们引起的疾病，妨碍我们活着。为什么养宠物？因为它们能和我们玩。为什么养家禽牲口？因为它们能让我们吃。为什么有道德和法律？因为有了这些，人类才能活得更好。为什么有爱？因为爱会给你一种错觉，一种我们仿佛不是仅为了人类的利益而活着的错觉。

加拉帕戈斯的环境保护，主要是为了“钱生钱”。前有达尔文背书，后有大卫·莱克作传，加拉帕戈斯一跃成为动物旅游界的奢侈品。但它之所以可以得到学界大咖的青睐，也是因为得天独厚的地理优势。

加拉帕戈斯群岛位于太平洋板块之上，所有岛屿均诞生于火山爆发，火山热点现位于伊萨贝拉岛（Isabela Island）和费尔南迪纳岛（Fernandina Island）之下，故岛屿上没有原生生物，几乎所有陆生生物都来自美洲大陆，因此可以在不同岛屿上研究同一物种的分化。太平洋板块主要由玄武岩构成，相较花岗岩组成的美洲大陆板块，它要更重，在板块运动时会下插入美洲板块下方，故加拉帕戈斯群岛一直在向美洲大陆移动，火山热点位置不变，随之形成了一连串岛屿。两千万年前，最早的植物是被风和鸟带到岛屿上的，有了植被之后，从大陆而来的生物才能生存。大型陆生生物从美洲大陆乘坐木头等漂浮物而来。但一千万年前，位于美洲西海岸的安第斯山脉隆起，被冲到海里的生物大大减少，加拉帕戈斯也实现了地理隔离。现存最早的加拉帕戈斯岛屿诞生于五百万年前，更古老的岛屿与其承载着的生物，已经随着板块运动没入美洲大陆板块之下。死亡是自然界中的常态遗迹。

在南普拉萨岛（South Plaza Island），我们发现了一具海鬣蜥的干尸，我们问导游它为什么会死，他说："来这里的人们总忘记动物会死。"

在厄瓜多尔的首都基多，导游指着安第斯山脉自豪地对我说："厄瓜多尔大部分人是中产阶级，基多没有贫民窟。"红绿灯下，一个杂技演员正在往空中抛掷道具，杂耍完毕，便敲车窗索要小费。导游不屑地对我说："那是哥伦比亚移民。"远方山腰处，一间破败的茅草房被垃圾环绕，一头猪自由地在垃圾堆中觅食。"我们是南美农业第四大国，厄瓜多尔有肥沃的火山土壤，适宜的气候，一年四季都能种植作物。"小巷两旁，年轻的姑娘站在门口，一手一个冰淇淋，一边舔一边卖，路边到处可见 Chifa 餐馆（秘鲁中餐馆）。导游接着说："厄瓜多尔有很多中国移民，有一个城市中国居民甚至占了 34%，我们热爱中国的炒饭。厄瓜多尔的最大香蕉出口商姓'王'。"

接着，导游精心讲解起基多的殖民时期建筑，说道："厄瓜多尔的土著人最终接受了西方的自由思想。"

这些土著们之前被西方世界殖民，现在却转身成为动物世界的殖民者。他们最终学会了如何以人类利益为中心的方式对待动物。不管是老鼠、猫，还是那些吸引着世界各地游客的珍稀保护动物们，它们最终的处境如何，完全还是取决于它们对人类能产生多大的利益。人类可以有秩序地扑杀、阉割和引进动物，并学会用爱的名义去包裹太过赤裸的利益。

结语

2017 年 2 月，我初次写作专栏。前期的写作主要是在学习，但无形中敲掉了很多思维上的围墙，特别显著的一点是，此前，我总是从人类的角度去思考动物，比如，主流人类社会很长一段时间内是父权制的，我就会推论动物界可能也是这样，但其实别说父权制了，连社会性的动物都很少。以前我认为，强者建立秩序，弱者被淘汰，后来发现这种视角太狭隘了，弱者不甘于被淘汰，他们有很多法子活下去。人类只是生物中的一种，我恰好是人，并没有什么独特的。如果我是一只鸡，也会觉得鸡有伟大的文明。

如果说到这里为止，只是拓宽了思维边界，那么接着对替代生殖策略的思考则带来了思想上的转折点。替代生殖策略指的是群体里有固定比例的雄性，他们在体力、体形上无法和其他雄性抗衡，无法通过正当的竞争和择偶，获得交配机会，于是就小偷小摸、弄虚作假，骗来一些生殖机会。一开始，我对这种做法深恶痛绝，因为自我代入了强势的制造与遵守规则的一方，反感别人来偷盗属于我的既得利益。毕竟大家都有过被偷的经历，十分希望骗子诚实做人。

然而，在某个时刻，一个念头突然击中我，如果我是骗子呢？如果不偷不抢就没办法生存、没办法生殖，我会仍旧什么都不做吗？这个困境折磨了我很久，后来我找到一条出路——如果规则是正义的，就应该遵守规则，如果规则不是正义的，那么就要抗争。

什么是正义呢？依靠暴力分配资源是正义的吗？雄性擂台赛究竟是公平的竞争，还是依赖武力进行欺压？如果有的个体因为先天的基因问题或者后天营养不良，武力上无法和其他雄性抗衡，这时候仍把暴力作为唯一标准是否有失公允？如果有一天我成了天生的弱者，我会希望怎样被世界对待？如果被规则挤压得没有生存空间，我会不会去偷盗？如果诚实的原则胜于生命，那我是否甘于被淘汰，做千千万万个被遗忘的生物里的一个？如果抗争，真的有诚实的办法吗？诚实的手段难道仍旧要依赖暴力吗？

这使得我重新审视强弱，于是我从自己的偏见出发，去逐步逼压问题所在。现有的偏见是父权制社会下的等级制度对低等级雄性的欺压，以及雄性对雌性的欺压。象海豹群体里，绝大多数交配行为是等级最高的五头雄性象海豹主导的，剩下的几十头雄性象海豹可能终生都没有交配机会。从体力上看，这五头雄性确实是强者，可是这样的资源分配是否太过不公（暂时不考虑对雌性的物化）？雄性的强力发展到极致，他们的体形远大于雌性，因此可以主导交配，雌性不仅不能反抗强迫性行为，甚至也无法阻挡雄性肆无忌惮的杀婴行为，约 40% 幼崽的丧生都和雄性间的争斗有关。因而对父权制的思考引申出两个难题：第一，雄性上位者应该如何对待下位者；第二，雄性想交配，雌性不想交配的时候，雄性可以强迫雌性吗？

规则是强者制定的，但弱者不屈于命运的安排，雄性强者、弱者和雌性这个三角关系张力十足。雄性内部，强者和弱者的冲突始终存在，雄性依赖暴力争夺资源，利用资源吸引配偶繁育后代。暴力是否是唯一可行的分配方式？如果不是，那是不是最好的分配方式？如果也不是，那么弱者利用欺骗突围是否就可被理解？但即使这样，欺骗是否无论情景如何都不正当？欺骗行为的受害者不光有雄性强者，也有雌性，被暴力欺压的雄性弱者也用暴力欺压了“体力上更弱小”的雌性，导致雌性被迫生育了有着坎坷命运的后代。然而如果充分尊重雌性的交配意愿，那对于雄性是否不公平？无论在何种规则下，弱者都是被遗忘的。一些雌性只因天生不能产卵或怀孕，就丧失了繁殖的主动权。而一些雄性只因为生的不好，便几乎无法赢得战斗，他们要么得尊崇黑色地主的暴力规则，要么得尊重雌性的挑选规则。雌性和黑色地主也并非毫无冲突，如果暴力规则和挑选规则得出的结果不一，就如本书开头竞争的两只黑色流苏鹬，如果雌性爱慕的是战败的那只，获胜者却强行将她视为战利品，该听谁的？

谁拥有制定规则的权力？这是一个难题。

上文说父权制是一种偏见，是因为多数时候，雄性上位者没有那么大的权力，而这些“被操纵”的下位者其实也可以操纵上位者。一个简单的理论框架是，不论是什么性别，不论是什么等级，能量终究是有限的。如果把能量分给了发育肌肉，就少了一些发育精子的能量。除了能量权衡外，社会地位和精子间也会有权衡。社会地位高的雄性精子质量低，这就指出了下位者突围的一条路。交配机会难找，那就把握每一次机会，制造更多质量更好的精子。事实上，擅长偷窃的下位者确实拥有不成比例的大睾丸，这时弱者就创造了规则。明线里规则是社会地位，暗线里是精子质量，我们总是有意无意忽略掉暗线，但事实上，规则从来不是单一的。

雌性也是如此，雄性鸭子拥有巨大的生殖器，这样的生殖器有助于强迫性行为，但是到了雌性体内，规则是雌性说了算。雌性鸭子的生殖道是复杂的迷宫，雄性很可能走歪了路，把珍贵的精子留在了永不见天日的死角。不仅如此，雄性生殖器需要伸缩，要用的时候需要弹射出来，但雌性的生殖道和雄性生殖器舒展的方向相反，得不到雌性的辅助，雄性生殖器很可能不能正常展开。公鸡没有生殖器，母鸡就演化出了另一套机制，母鸡如果被不喜欢的公鸡强迫了，她可以排出他的精子。规则不是单一的，雌性的身体就是最后一道防线。

如果雌性从防御姿态转换成进攻姿态，则是性别相反的强者欺压弱者。最骇人听闻的莫过于雌性蜘蛛吃掉正在交配的雄性，美其名曰，吸收更多的营养照料共同的孩子，可有时到了终止交配时却还没有停下自己的血盆大口。让雄性为一时的欢愉付出生命的代价是正义的吗？即使雄性默许了这种献身，又怎样确定这不是在体形远超雄性的雌性威逼之下的妥协？暴力模糊了边界，一下子堵上了弱者说理的嘴。在母权制社会，雄性经历了雌性在父权制社会经历的不公。雄性倭黑猩猩的一生被母亲操办，他们的社会地位也不能靠自己争取，总是和母亲挂钩，他们是没有办法开口的边缘人物。高等级雌性还可能抑制低等级雌性生育，就算偷偷生下来，一旦被发现，孩子也可能被杀。权力，是非此即彼的吗？

两性争斗，双方尚可角力，可是父母之于孩子就是绝对的强者，强者欺压弱者，弱者就可以欺压更弱者。母亲觉察到孩子质量不好，子宫可能会自动流产，如果雌性被不喜欢的雄性受精，母亲也可能流掉这个孩子。雄性育娃的海龙也会偏心，如果不中意交配对象，就会限制孩子的发育。海鸥通常会先后下两个蛋，如果第一个蛋没有孵化，还有第二个蛋可以寄托，如果第一个蛋孵化了，便会任由一胎欺负二胎，严重时二胎会被踢落巢穴死亡。母亲和孩子的利益发生冲突，孩子缺少母爱可能会死亡，但要求母亲把孩子的需求摆在自己前面又有什么理由呢？能力明显失衡的情况下，强者该如何对待弱者？性选择站在统治者视角，追求群体利益最大化，但如果我是那个会拖大家后腿、被牺牲掉的人呢？

即使能力不同，仍旧可以合作。辅助精子可以为了正常精子的成功牺牲自己，雌性可以帮自己的亲人带孩子。相比暴力强权的碾压，聪明的雄性、负责任的雄性也能找到配偶，弱者不用日复一日冒着生命危险去虎口夺食。

设想大家站在一块幕布后面商讨制定规则，谁都不知道幕布之下自己会领到什么角色。如果同意对弱者的欺压，那么自己成为弱者的时候也会被欺压。

我们的文明所做的，是反抗性选择和自然选择的弱肉强食，而不是对暴力的放任。

后记

一、文字的背后，是人

这本书不是猎奇的各种动物“性癖”的展示，也非大咖学理的一脉相承，我只是赤裸裸地展现了我的思考过程，可能有人从中获益，有人中途离场。我不过是一辆行驶中的火车，若能载读者一程，是缘分，若不能，也就相忘于江湖。

在牛津的时候，我去听了一场音乐研讨会，讲者讲述了美苏冷战时期的音乐。我问，音乐不能独立于意识形态吗？他回答，没有音乐是独立于意识形态的，因为人都有意识形态。那是我人生中的一次顿悟。人都有意识形态。在那之前和那之后的生活彼此撕裂、渐行渐远。之前，我总把自己搬到上帝视角上，分析某一行为是否符合该个体和群体的利益，以为把自己摘出去，就能从客观视角出发。在那之后，我发现其实“我”一直都在，我把自己藏在各种理论、各种实验结论之下。

读者将以如下的方式看到我笔下的动物。首先，动物自己经历了一个实验设计，出现了一个行为，它们为何这样做，我们永远无从知晓。然后，实验者观测并描述动物出现了什么行为，并用统计学分析判断动物们是不是“确实”出现了这个行为。最后，实验者会推测是什么实验刺激导致动物出现了这种行为，随之套用各种经典理论解释为什么这样的实验刺激会导致动物出现该行为，并以论文的形式阐述整个过程和结论。我引用的这些论文是顺着我的学术思想一点一点沉淀下来的。但是我的思想和论文作者的思想可能不同，我想表达的内容和他的可能也不同，我引用他的文章是为了佐证我自己的论点，于是“我”出现了。

我探讨的是我感兴趣的内容：为什么自然界充斥着谎言，为什么“正义”的规则背后遍是漏洞，为什么雌性在人类叙述中长期屈居“第二性”，为什么爱又为什么活着？现代学术界有哪些理论？分别有哪些实验证据支持？我倾向于什么解释，我不赞同什么，我以何等体量来阐述二者？我呈现出来的信息已经被我筛选过，并不一定完全客观。进一步说，任何书写都不一定客观，任何理论都不一定客观，任何实验不一定客观，因为它们背后有人。

我写的一篇文章都已经是这样了，那整本书呢？我从 2017 年 2 月开始写这本书，截至如今已经快五年了。很多人问我为什么会写这个系列。我也的确能在不同场合讲出版本稍微不一样的精准的故事，仿佛某些事情就线性地导致了之后发生的事情。在回忆中我不断凝练当时的意图：为了更好地理解文献，所以要把它用自己的话写出来；对一夫一妻制的反思让我不断去追问什么是合理的婚姻形式；感受到女性在当代社会遭遇的困境，想要反抗。这些都是真实的，但是有逻辑地表述一件事，本身就使事实有损失。人生也不是单线遵从工具理性发展。我会选择性地捡起解释性更强的记忆，却抛掉其他那些若有似无的记忆。

写作是为了自救。从孩童到少年，从少年到成年，这一路上我被灌输人类社会是这样的种种理论，被巨大的事实裹挟，被既有的规训训诫，在庞杂的现实世界中，我找不到我自己。是不是一定要这样，还可以怎样，应该怎样呢？宏大的现代性文化之下，我消失了。我想逃离各种概念、规范，逃离被异化的自己，我想找回我自己。

横冲直撞的我走出了一条路，那就是回去，回到动物性，回到文化开始之前，否定被文化异化的自己。

我对文化掷去的第一把斧头就是去中心。人类社会是这样，那我去看看动物世界是不是也这样，结果发现不仅 A 动物不这样、B 动物不这样，好像大家根本就不是这样，最常见的反倒可能是另一种模式。推翻这种人类为万物灵长的中心主义，就像从地心说到日心说的哥白尼式翻转。什么是人类中心主义？这指的是人类逐步“进化”成了某种可以宰制一切的“高级”生物。因为我们赢得了“演化”的胜利，所以我们是“好”的。为什么我们可以赢？因为我们有这些“好的”特质，但是我通过观察发现这些“好的”特质在动物身上也有。人们以前以为只有自己有同理心，后来发现非人灵长类遇到亲属死亡也会哀伤。人们以前以为只有自己会无私地帮助同类，后来发现很多动物都有类似的无私行为。为什么其他生物也有的东西在人身上就成了更好的？所有这些特质并不必然使人类成为地球霸主，相反，更可能是人类那些并不美好的特质，诸如暴力、自私，使人类取得了如今的成就。为什么人类社会认为富有同理心、无私、忠贞等是好的特质？这是道德的推论。为什么人能宰制其他生物？这是偶然夹杂着暴力的结果。前一句话得出的结论是，人之所以为人，是因为有道德；后一句话陈述的事实是，人之所以能为人，是因为不讲道德。二者的矛盾突出了道德的伪善。

但这条路走得很奇怪，就像我划着小船出走，船却是现代工业的产物。我们观测动物的方式非常人类中心主义。人观测到动物有了一个行为，比如，刚性成熟的后代不去繁殖，而是帮助父母养育后代，这种行为就被人类赋予了无私的含义。无私的意思是没有私心，可是我如何知道动物是否有心灵？就算它们有心灵，我如何知道它们是有心还是无心去帮助的？就算它们是有心去帮助的，我如何知道这种帮助对它们是没有好处的？就算对它们没有好处，我如何知道它们做这件事会不会开心呢？而最显著的问题就浮现出来了，我不能去问动物是否开心。它们无法回答我，就算行为上观测到它们做了一件事，也无法推断出它们是为了开心才去做的。即使我观测到它们脑内的多巴胺、阿片类神经递质升高，也未必意味着它们开心。因为这些神经递质和开心的关系是从人的实验上得到的，描述动物开心本来就陷入了人类中心主义。

如此一来，虽然出发点是攻击人类中心主义，但攀爬的梯子却是中心主义的产物，只有构建了人类理性的框架，迭代历史上的实验范式，才会抵达人类理性和客观事实之间的缝隙。倘若我背离了中心主义，便如无根之浮萍，无从质疑人类中心主义理性的正当性，倘若接受中心主义，则非人类中心主义一直是悬挂着的达摩克利斯之剑。

因此，从2019年开始，我逐渐歇笔，写作的过程像螃蟹每长大一点，就要褪去一层壳，而新壳生成之前，螃蟹则不再刚强，呈放在一个剔透柔软的躯体中。2016年我刚开始读博，是第一次蜕壳，那时我下决心否定作为人类的自己。在2017到2018年的写作过程中，我逐渐长出了第二层壳，接受了作为动物的自己，可惜这层壳并未庇护我多久，当我看到人类心灵和动物心灵的鸿沟时，动物之壳也失去了。这场逃离人类文化之旅，终究没有落脚点。从2019年至今，我一直在试图结筑第三层人类之壳，而本书就呈现了我最新的思考。

这本书的主体是曾经的我以“人类中心”之矛攻击“人类中心”之盾写成的。在现在的我看来，它虽然是对现代性的一次失败的攻击，但至少说明，人无法通过打开动物来理解人类自己，好像除了从我们内心去寻找自己，别无他法。

我以强意识形态入场了，书本之外的读者也以强意识形态入场了。读者若看的是“动物世界”，那么会批评这本书并不一定客观；读者若看的是“哲学启蒙”，那么会批评这本书在各种观点间犹豫不决；读者若看的是我这个人，那或许是一次美好的神交；若看的是自己，那么从我的论述中也可窥见读者本身的思想脉络。

那么，就让我们一起，回到动物性，回到人类文明开始之前。

二、进化论下个体无意义

2017年底，我回国拜访了武大哲学院刘乐恒、陈晓旭夫妇。陈老师问了我一个问题，“进化论解释力很强，但问题在于你满不满足”。那时我还不懂这个问题的含义，于是说：“满足，因为它可以圆融地解释世界上发生的很多事，只是有一点，我很困惑，进化论的基本单位是群体，如果个体无意义，我思考的这一切又是什么呢？”

为什么说进化论面前无个体？一个人如果莫名其妙突变得到了一个好的基因，结果运气不好，在性成熟之前被雷劈死了，一个好的东西，如果没有传播，那么也就不是一个好的东西了，因为存在的概率无限趋近于零。但如果你生了一千个孩子，你的孩子平均每个又生了五百个孩子，你的影响力指数级增加，进化里面就会有你的一席之地。同样，你有一个坏的基因，然后你死了，社会损失一个个体几乎不会有任何影响。但如果是传染病，一下死了一大批人，那么这件事在历史上便有其位置。

刘老师补充了一句，“哲学通常就是捅别的学说一刀，自己也受伤很重，看你能不能挺过来了”。之后的一年，我都在思考这个问题。2018 年底再见两位老师的时候，我说：“完了，我现在不满足了，如果去年你们没对我说那一番话，我可能还快乐地相信着进化论是解释一切的钥匙。”

回头想一想，为什么我会一步步走向进化论，我一直在寻找最有解释力的理论，读博之前知识庞杂毫无系统性，而进化论是一套自洽的体系，在后人的不断发展下，从宏观到微观，从理论到实验，逻辑自洽，事实自洽。它足够包容，能解释几乎所有生命。同时它又非常简单，不同的策略导致的生存和生育率不同，而生存和生育率则是成功的标准。这套结构优美的理论确实有不可替代的价值，但它不是全部。现在已经有学者质疑这种思维模式，只不过新的思想还未建立，进化理论是破不掉的。

可为什么我又不满足了呢？我反感个体无意义。而更深层次的是反感我的理性试图证明我自身无意义。科学注重的是整体，一只鸡如何如何并不能得出任何结论，要研究一群鸡是否都发生了某种行为偏移；一只鸡此刻发生了什么并不重要，重要的是时间纵深下，一只鸡的一辈子都发生了什么。科学要剔除偶然，而人生却是处处充斥着偶然。我不必然要做一件事情，只因为周遭的人也做了，我不必然要做一件事情，只因为我之前如此这般做的。人做实验，采取的是上帝视角，而人活着，采取的是“我”视角。上帝视角下，如果我偏离了宏观统计学规律，那么我就无意义，“我”视角下，正因为我有个人意志，所以我有意义。

从科学出发去寻找我自己，这感觉就像为了寻找人生意义，从纷杂的海面潜入海底，而寻找人生意义，需要浮出水面，认真地审视自己。个体是否有意义需要经过复杂的论证，也是我今后人生中一个重要的思考议题，不管最后结论如何，都不妨碍我现在选择相信个体有意义，相信我有意义，相信我此刻有意义。

三、进化论不能用来指导生活

达尔文主义至今仍旧是生物学里最重要的理论，并被遗传学等大大扩充，演化成新达尔文主义。《物种起源》一共有六版[325]，目前公认第二版最佳，之后迫于各种社会压力，越改越变味。达尔文在最初的《物种起源》中没有提到适者生存的概念。1869年，达尔文出版了第五版《物种起源》，将第四章的题目由“自然选择”改成了“自然选择，又称适者生存”。适者生存这一概念来源于斯宾塞。斯宾塞认为，生物都遵循进化的规律，种群密度够大的时候就产生竞争，一种生物如果相较竞争对手有生存优势，且它们可以把这种优势传递给自己的后代，多代之后，那些不怎么成功的生物就被淘汰了，因此适者生存是进化不可避免的最终结果[326]。社会也是如此，社会由简单向复杂进化，进化的过程中，小的社会被吞并或者淘汰，通常是通过战争，最强大的社会留下来，逐步扩大，形成超级社会。

达尔文的斗牛犬赫胥黎（Thomas Henry Huxley）1893 年在牛津大学为《物种起源》激辩，讲座内容被整理成《进化论与伦理学》一书，此书的中文翻译版叫《天演论》。原书中，赫胥黎认为，适者生存这一理论有极大的偏差，社会抛弃弱者、不幸的人和不能为社会创造财富的人是可耻的，因为文明的力量在于，我们不是只让最适者生存，而是让那些不适者也能生存[327]。但严复的翻译版却结合了斯宾塞、赫胥黎、达尔文，还有他自己的理论，寻求保种救亡。

尽管如此，在大众眼里，适者生存仍旧是达尔文的锅。

那真实的达尔文是什么样的呢？达尔文老人家写了非常多本书，有研究藤壶的，有研究灵长类表情的，但最出名的两本书是 1859 年出版的《物种起源》[328] 和 1871 年出版的《人类的由来和性选择》[95]。在《物种起源》里，达尔文介绍了自然选择和性选择。他认为，进化之所以发生，有三个先决条件：第一，个体有差异；第二，差异影响生存能力；第三，差异可遗传。大部分生物产生的后代远多于最后被筛选存活下来的个体，因为有差异，在同一条标准下一定有高下之分，那些略优于同伴的个体更容易存活，处于底层的个体会遭到毁灭，这就是自然选择。自然选择不会诱发变异，它只是保存了已经发生的、能促进生物生存的那些变异。但是，不同环境中的选择标准不同，所以不存在某些绝对优秀的个体。

斯宾塞也写了很多本书，广泛涉猎社会学、生物学、伦理学和宇宙学，形成了大一统的哲学体系，是社会学的奠基人之一。在 19 世纪风头无两，他的专栏被当时的众多大佬订阅，比如达尔文、密尔，等等。斯宾塞被后人定义为社会达尔文主义者，可是早在 1852 年，斯宾塞就提出了适者生存理论，比达尔文出版《物种起源》还早了七年。这个命名显然不够科学，导致达尔文频频躺枪。与其说社会达尔文主义由达尔文主义发展而来，不如说，达尔文主义和社会达尔文主义同时由拉马克（Jean-Baptite Lamarck）的进化论和马尔萨斯（Thomas Robert Malthus）的学说发展而来。尽管斯宾塞的很多学说颇有建树，但他为人诟病的一点是，他认为，政府不该过多帮助社会中不幸的人[329]，比如，护士照料病人，可是却给自己和家人带来了患传染病的风险，因此罹患疾病的弱者不应该要求周围的健康人为他们牺牲。[330]他认为，社会上的竞争要么会淘汰那些不适应的人，要么会让他们居安思危奋起变革。1850 年，斯宾塞在《社会静力学》中指出，社会应该清除那些不适者，让世界变得更好[331]，这和 20 世纪大为发展的福利主义背道相驰。

社会达尔文主义的名声最后被优生学搞臭了，连带着达尔文也经受骂名。斯宾塞的进化伦理学虽有瑕疵，但理论其实并不十分极端，至少他仍旧认为文明的力量超越了暴力的竞争。可达尔文的表兄弟高尔顿（Francis Galton）不这样认为，他一手创立了优生学，认为有些人比较优秀，有些人比较劣等，应该让优秀的人多生孩子，同时清除劣等种族。优生学的另一支持者是德国博物学家海克尔（Ernst Haeckel），他甚至认为，我们应该像斯巴达人一样，抛弃那些体弱的婴儿，以保证种族的优良。优生学的底层问题是自然主义谬误——从事实得出道德判断。健康的孩子有生存优势，是一个事实，不能因此推论出，只有健康的孩子应该活，不健康的孩子应该死。历史上垃圾的理论很多，但只要不被政治利用，就起不到实质性的破坏。但优生学遇上了纳粹，便带来一场世纪浩劫[332]。

尽管我们嘴上唾弃着纳粹，但社会达尔文主义仍像血管一样深入了人类社会组织，掩藏在皮面之下。有疾病来了，我们就淘汰免疫力差的人，淘汰没有生产力的人，淘汰不孕不育的人。有暴力冲突来了，我们就淘汰那些弱势群体，那些没有武力的人，那些没有财产的人。但总有一天，我们会老，总有一天我们不能再为社会创造财富，总有一天我们手里没有枪。所以，人类所做的一切科技和医疗方面的努力，不是让我们的社会淘汰那些“不适者”，而是让弱势群体也能违抗自然选择活下来。如果无法自然受孕，我们还有试管婴儿，如果生下来就有疾病，我们还有现代医疗，如果年老体衰，我们还有社会福利和医学支持。

死太容易，活着才难。

王大可

2021 年 10 月 12 日

致谢

感谢大象公会帮助此书得以顺利出版，特别感谢黄章晋先生对这一系列文章的赏识，陈铭先生对文章的编辑，马峥先生对出版的推进，萧伯恺先生的运营，以及众多无私为我提出建议的同事们。

感谢我的导师牛津大学的托马索·皮扎里（Tommaso Pizzari）教授传道授业解惑，在他的引领下我的问题意识有了推进，能够更精准地把握学术动向和脉络。感谢中国科学院深圳先进技术研究院脑认知与脑疾病研究所的合作导师蔚鹏飞老师与王立平老师给予的学术训练。

感谢恩师，陈晓旭、刘乐恒夫妇，以及思与修哲学研究所的周志羿老师在哲学领域的导引，在他们的影响下，才有了本书最后的转向。

感谢新经典文化杨晓燕主编、赵慧莹、秦薇、孙腾编辑的帮助，本书于 2020 年 6 月定初稿，反复修改至 2022 年 6 月，尤其感谢杨主编的耐心与敦促，帮助我克服了担心书稿不完美的恐惧，感谢赵编辑无数次细致专业的修改，使本书能最终呈现圆融的外貌。

感谢朋友宋思贤先生对本书的学术建议。

附录

珍蝶	Acraea encedon & Acraea encedana	秀丽隐杆线虫	Caenorhabditis elegans
塞岛苇莺	Acrocephalus sechellensis	流苏鹬	Calidris pugnax
红翅黑鹂	Agelaius phoeniceus	四纹豆象	Callosobruchus maculatus
红吼猴	Alouatta seniculus	心结蚁	Cardiocondyla obscurior
海鬣蜥	Amblyrhynchus cristatus	西班牙箭蚁	Cataglyphis hispanica
背纹双锯鱼	Amphiprion akallopisos	芦蜂	Ceratina calcarata
雪雁	Anser caerulescens	波斑鸨	Chlamydotis undulata
宽足袋鼩	Agile antechinus	海蛞蝓	Chromodoris reticulate
西方蜜蜂	Apis mellifera	鬣蜥	Cophotis ceylanica
瘤船蛸	Argonauta nodosa & argo	斑鬣狗	Crocuta crocuta
球鼠妇	Armadillidium vulgare	犬蝠	Cynopterus sphinx
山艾树	Artemisia tridentata	二裂果蝇	Drosophila bifurca
家蚕蛾	Bombyx mori	象	Elephantidae
		扇鳍镖鲈	Etheostoma flabellare

豹纹守宫	Eublepharis macularius
白颊黄眉企鹅	Eudyptes schlegeli
长海胆	Evechinus chloroticus
皿蛛	Frontinella pyramitela
原鸡	Gallus gallus
马耳他钩虾	Gammarus lawrencianus
三棘刺鱼	Gasterosteus aculeatus
细角黾蝽	Gerris gracilicornis
刺舌蝇	glossina morsitans
双斑蟋蟀	Gryllus bimaculatus
东南田蟋蟀	Gryllus rubens
庭园蜗牛	Helix aspersa
美丽异小鳉	Heterandria formosa
裸鼹鼠	Heterocephalus glaber
棕海马	Hippocampus fuscus
海参	Holothuria arguinensis
克氏长臂猿	Hylobates klossii
横带低纹鮨	Hypoplectrus nigricans
裂唇鱼	Labroides dimidiatus
蓝鳃太阳鱼	Lepomis macrochirus
大齿须鮟鱇	Linophryne macrodon
日本猕猴	Macaca fuscata yakui
地中海猕猴	Macaca sylvanus
流星锤蛛	Mastophora cornigera
华丽琴鸟	Menura novaehollandiae
杆状线虫	Mesorhabditis belari
密氏倭狐猴	Microcebus murinus
田鼠	Microtus californicus
草原田鼠	Microtus ochrogaster
北象海豹	Mirounga angustirostris
非洲獴	Mungos mungo
小鼠	Mus musculus
堤岸田鼠	Myodes glareolus
灰色庭蠊	Nauphoeta cinerea
海蛞蝓	Navanax inermis
烟草植物	Nicotiana attenuata
海狮	Otariidae
南美硬尾鸭	Oxyura vittata
倭黑猩猩	Pan paniscus
黑猩猩	Pan troglodytes
狮	Panthera leo
老虎	Panthera tigris
大山雀	Parus major
蓝孔雀	Pavo cristatus
东南白足鼠	Peromyscus polionotus
加利福尼亚小鼠	Peromyscus

californicus
鹿白足鼠 Peromyscus maniculatus
海豹 Phocidae
叶状臭虫 Phyllomorpha laciniata
泡蟾 Physalaemus pustulosus
秀美花鳉 Poecilia formosa
茉莉花鳉 Poecilia latipinna
孔雀鱼 Poecilia reticulata
光若花鳉 Poeciliopsis lucida
孤若花鳉 Poeciliopsis monacha
藤壶 Pollicipes polymerus
小长臀虾虎 Pomatoschistus minutus
克氏原螯虾 Procambarus clarkii
白钟伞鸟 Procnias albus
伪角扁虫 Pseudoceros bifurcus
三趾鸥 Rissa tridactyla
大西洋鲑 Salmo sala
金丝雀 Serinus canaria
狐獴 Suricata suricatta
睛斑扁隆头鱼 Symphodus ocellatus
海湾海龙 Syngnathus scovelli
宽吻海龙 Syngnathus typhle
斑胸草雀 Taeniopygia guttata
北美红松鼠 Tamiasciurus hudsonicus
太平洋野地蟋蟀 Teleogryllus oceanicus
泰突眼蝇 Teleopsis dalmanni
赫尔曼陆龟 Testudo hermanni
西方松鸡 Tetrao urogallus
弓形虫 Toxoplasma gondii
缕唇蝠 Trachops cirrhosus
海鸦 Uria
棕熊 Ursus arctos
非洲地松鼠 Xerus inauris

参考文献

[1]Lamichhaney, S., Fan, G., Widemo, F., Gunnarsson, U., Thalmann, D. S., Hoeppner, M. P., Kerje, S., Gustafson, U., Shi, C., and Zhang, H. (2015), "Structural genomic changes underlie alternative reproductive strategies in the ruff (Philomachus pugnax)," *Nature Genetics*.

[2]Taborsky, M., Hudde, B., and Wirtz, P. (1987), "Reproductive behaviour and ecology of Symphodus (Crenilabrus) ocellatus, a European wrasse with four types of male behaviour," *Behaviour*, 102 (1-2), 82-117.

[3]Taborsky, M. (1994), "Sneakers, Satellites, and Helpers: Parasitic and Cooperative Behavior in Fish Reproduction," *Advances in the Study of Behavior*, 23 (08), 1-100.

[4]Svensson, O., and Kvarnemo, C. (2003), "Sexually selected nest - building– Pomatoschistus minutus males build smaller nest - openings in the presence of sneaker males," *Journal of evolutionary biology*, 16 (5), 896-902.

[5]Kanoh, Y. (1996), "Pre - oviposition ejaculation in externally fertilizing fish: how sneaker male rose bitterlings contrive to mate," *Ethology*, 102 (7), 883-899.

[6]Dakin, R., and Montgomerie, R. (2014), "Deceptive copulation calls attract female visitors to peacock leks," *The American Naturalist*, 183 (4), 558-564.

[7]Dalziell, A. H., Maisey, A. C., Magrath, R. D., and Welbergen, J. A. (2021), "Male lyrebirds create a complex acoustic illusion of a mobbing flock during courtship and copulation," *Current Biology*.

[8]Zahavi, A. (1975), "Mate selection—a selection for a handicap," *Journal of*

theoretical Biology, 53 (1), 205-214.
[9]Maynard Smith, J. Harper D Animal signals. 2003 Oxford. UK: Oxford University Press.
[10]Hamilton, W. D., and Zuk, M. (1982), "Heritable true fitness and bright birds: a role for parasites?," *Science*, 218 (4570), 384-387.
[11]Milinski, M., and Bakker, T. C. (1990), "Female sticklebacks use male coloration in mate choice and hence avoid parasitized males," *Nature*, 344 (6264), 330-333.
[12]Griffith, S. C., Owens, I. P., and Burke, T. (1999), "Environmental determination of a sexually selected trait," *Nature*, 400 (6742), 358-360.
[13]Stowe, M. K., Tumlinson, J. H., and Heath, R. R. (1987), "Chemical mimicry: bolas spiders emit components of moth prey species sex pheromones," *Science*, 236 (4804), 964-967.
[14]Eberhard, M. J. W. (1975), "The evolution of social behavior by kin selection," *The Quarterly Review of Biology*, 50 (1), 1-33.
[15]Pizzari, T. (2003), "Food, vigilance, and sperm: the role of male direct benefits in the evolution of female preference in a polygamous bird," *Behavioral Ecology*, 14 (5), 593-601.
[16]Wilson, D. R., Bayly, K. L., Nelson, X. J., Gillings, M., and Evans, C. S. (2008), "Alarm calling best predicts mating and reproductive success in ornamented male fowl, Gallus gallus," *Animal Behaviour*, 76 (3), 543-554.
[17]Giovanni, G. P., Albo, M. J., Cristina, T., and Trine, B. (2015), "Evolution of deceit by worthless donations in a nuptial gift-giving spider," *Current Zoology*, (1), 1.
[18]Knapp, R. A., and Sargent, R. C. (1989), "Egg-mimicry as a mating strategy in the fantail darter, Etheostoma flabellare: females prefer males with eggs," *Behavioral Ecology and Sociobiology*, 25 (5), 321-326.
[19]Largiadèr, C. R., Fries, V., and Bakker, T. C. (2001), "Genetic analysis of sneaking and egg-thievery in a natural population of the three-spined stickleback (Gasterosteus aculeatus L.)," *Heredity*, 86 (4), 459-468.
[20]Dawkins, M. S., and Guilford, T. (1991), "The corruption of honest

signalling," *Animal Behaviour*, 41 (5), 865-873.

[21]Kessler, A., Halitschke, R., Diezel, C., and Baldwin, I. T. (2006), "Priming of plant defense responses in nature by airborne signaling between Artemisia tridentata and Nicotiana attenuata," *Oecologia*, 148 (2), 280-292.

[22]Barclay, R. M. (1982), "Interindividual use of echolocation calls: eavesdropping by bats," *Behavioral Ecology and Sociobiology*, 10 (4), 271-275.

[23]Halfwerk, W., Jones, P. L., Taylor, R. C., Ryan, M. J., and Page, R. A. (2014), "Risky ripples allow bats and frogs to eavesdrop on a multisensory sexual display," *Science*, 343 (6169), 413-416.

[24]Dugatkin, L. A. (1992), "Sexual selection and imitation: females copy the mate choice of others," *The American Naturalist*, 139 (6), 1384-1389.

[25]Dugatkin, L. A., and Godin, J.-G. J. (1992), "Reversal of female mate choice by copying in the guppy (Poecilia reticulata)," *Proceedings of the Royal Society of London. Series B: Biological Sciences*, 249 (1325), 179-184.

[26]--- (1993), "Female mate copying in the guppy (Poecilia reticulata): age-dependent effects," *Behavioral Ecology*, 4 (4), 289-292.

[27]Pfefferle, D., Brauch, K., Heistermann, M., Hodges, J. K., and Fischer, J. (2008), "Female Barbary macaque (Macaca sylvanus) copulation calls do not reveal the fertile phase but influence mating outcome," *Proceedings of the Royal Society B: Biological Sciences*, 275 (1634), 571-578.

[28]Pfefferle, D., Heistermann, M., Hodges, J. K., and Fischer, J. (2008), "Male Barbary macaques eavesdrop on mating outcome: a playback study," *Animal Behaviour*, 75 (6), 1885-1891.

[29]Semple, S. (1998), "The function of Barbary macaque copulation calls," *Proceedings of the Royal Society of London. Series B: Biological Sciences*, 265 (1393), 287-291.

[30]Pizzari, T., Cornwallis, C. K., Løvlie, H., Jakobsson, S., and Birkhead, T. R. (2003), "Sophisticated sperm allocation in male fowl," *Nature*, 426 (6962), 70-74.

[31]Aquiloni, L., Buřič, M., and Gherardi, F. (2008), "Crayfish females eavesdrop on fighting males before choosing the dominant mate," *Current Biology*, 18 (11),

R462-R463.
[32]McGregor, P., and Doutrelant, C. (2000), "Eavesdropping and mate choice in female fighting fish," *Behaviour*, 137 (12), 1655-1668.
[33]Otter, K., McGregor, P. K., Terry, A. M. R., Burford, F. R., Peake, T. M., and Dabelsteen, T. (1999), "Do female great tits (Parus major) assess males by eavesdropping? A field study using interactive song playback," *Proceedings of the Royal Society of London. Series B: Biological Sciences*, 266 (1426), 1305-1309.
[34]Plath, M., Blum, D., Schlupp, I., and Tiedemann, R. (2008), "Audience effect alters mating preferences in a livebearing fish, the Atlantic molly, Poecilia mexicana," *Animal Behaviour*, 75 (1), 21-29.
[35]Ziege, M., Mahlow, K., Hennige-Schulz, C., Kronmarck, C., Tiedemann, R., Streit, B., and Plath, M. (2009), "Audience effects in the Atlantic molly (Poecilia mexicana)–prudent male mate choice in response to perceived sperm competition risk?," *Frontiers in zoology*, 6 (1), 17.
[36]Bierbach, D., Sommer-Trembo, C., Hanisch, J., Wolf, M., and Plath, M. (2015), "Personality affects mate choice: bolder males show stronger audience effects under high competition," *Behavioral Ecology*, 26 (5), 1314-1325.
[37]Domm, L., and Davis, D. E. (1948), "The sexual behavior of intersexual domestic fowl," *Physiological Zoology*, 21 (1), 14-31.
[38]Schjelderup-Ebbe, T. (1922), "Beiträge zur sozialpsychologie des haushuhns," *Zeitschrift für Psychologie und Physiologie der Sinnesorgane. Abt. 1. Zeitschrift für Psychologie*.
[39]Banks, E. M., Wood-Gush, D. G., Hughes, B. O., and Mankovich, N. J. (1979), "Social rank and priority of access to resources in domestic fowl," *Behavioural processes*, 4 (3), 197-209.
[40]Foster, W., and Treherne, J. (1981), "Evidence for the dilution effect in the selfish herd from fish predation on a marine insect," *Nature*, 293 (5832), 466-467.
[41]Le Boeuf, B. J. (1974), "Male-male competition and reproductive success in elephant seals," *American Zoologist*, 14 (1), 163-176.
[42]Dewsbury, D. A. (1990), "Fathers and sons: genetic factors and social

dominance in deer mice, Peromyscus maniculatus," *Animal Behaviour*, 39 (2), 284-289.

[43]Moore, A. J. (1990), "The inheritance of social dominance, mating behaviour and attractiveness to mates in male Nauphoeta cinerea," *Animal Behaviour*, 39 (2), 388-397.

[44]Barrette, C. (1993), "The'inheritance of dominance', or of an aptitude to dominate?," *Animal Behaviour*, 46 (3), 591-593.

[45]Parker, G. A. (1970), "Sperm competition and its evolutionary consequences in the insects," *Biological Reviews*, 45 (4), 525-567.

[46]Austad, S. N. (1982), "First Male Sperm Priority in the Bowl and Doily Spider, Frontinella pyramitela (Walckenaer)," *Evolution*, 36 (4), 777-785.

[47]Suter, R. B. (1990), "Courtship and the assessment of virginity by male bowl and doily spiders," *Animal Behaviour*, 39 (2), 0-313.

[48]WALL, R. (1988), "Analysis of the mating activity of male tsetse flies Glossina m. morsitans and G. pallidipes in the laboratory," *Physiological entomology*, 13 (1), 103-110.

[49]Eberhard, W. (1996), *Female control: sexual selection by cryptic female choice* (Vol. 69): Princeton University Press.

[50]Price, C. S., Dyer, K. A., and Coyne, J. A. (1999), "Sperm competition between Drosophila males involves both displacement and incapacitation," *Nature*, 400 (6743), 449-452.

[51]Kilgallon, S. J., and Simmons, L. W. (2005), "Image content influences men's semen quality," *Biology Letters*, 1 (3), 253-255.

[52]Zbinden, M., Largiader, C. R., and Bakker, T. C. (2004), "Body size of virtual rivals affects ejaculate size in sticklebacks," *Behavioral Ecology*, 15 (1), 137-140.

[53]Birkhead, T., Fletcher, F., Pellatt, E., and Staples, A. (1995), "Ejaculate quality and the success of extra-pair copulations in the zebra finch," *Nature*, 377 (6548), 422-423.

[54]Baker, R. R., and Bellis, M. A. (1993), "Human sperm competition: Ejaculate adjustment by males and the function of masturbation," *Animal Behaviour*, 46 (5),

861-885.

[55]Barazandeh, M., Davis, C. S., Neufeld, C. J., Coltman, D. W., and Palmer, A. R. (2013), "Something Darwin didn't know about barnacles: spermcast mating in a common stalked species," *Proceedings of the Royal Society B: Biological Sciences*, 280 (1754), 20122919.

[56]Marquet, N., Hubbard, P. C., da Silva, J. P., Afonso, J., and Canário, A. V. (2018), "Chemicals released by male sea cucumber mediate aggregation and spawning behaviours," *Scientific reports*, 8 (1), 1-13.

[57]Norman, M., and Reid, A. (2000), *Guide to squid, cuttlefish and octopuses of Australasia*: CSIRO publishing.

[58]Battaglia, P., Stipa, M., Ammendolia, G., Pedà, C., Consoli, P., Andaloro, F., and Romeo, T. (2021), "When nature continues to surprise: observations of the hectocotylus of Argonauta argo, Linnaeus 1758," *The European Zoological Journal*, 88 (1), 980-986.

[59]Simmons, L. W., and Firman, R. C. (2014), "Experimental evidence for the evolution of the mammalian baculum by sexual selection," *Evolution*, 68 (1), 276-283.

[60]Sekizawa, A., Seki, S., Tokuzato, M., Shiga, S., and Nakashima, Y. (2013), "Disposable penis and its replenishment in a simultaneous hermaphrodite," *Biology letters*, 9 (2), 20121150.

[61]Gallup Jr, G. G., and Burch, R. L. (2004), "Semen displacement as a sperm competition strategy in humans," *Evolutionary Psychology*, 2 (1), 147470490400200105.

[62]Ramm, S. A. (2007), "Sexual selection and genital evolution in mammals: a phylogenetic analysis of baculum length," *The American Naturalist*, 169 (3), 360-369.

[63]SMITH, and R., L. (1986), "An Evolutionary Question: Sexual Selection and Animal Genitalia," *Science*, 232 (4753), 1029-1029.

[64]Brennan, P. L., Clark, C. J., and Prum, R. O. (2010), "Explosive eversion and functional morphology of the duck penis supports sexual conflict in waterfowl genitalia," *Proceedings of the Royal Society B: Biological Sciences*, 277 (1686),

1309-1314.
[65]Brennan, P. L. (2016), "Evolution: one penis after all," *Current Biology*, 26 (1), R29-R31.
[66]Waterman, J. M. (2010), "The adaptive function of masturbation in a promiscuous African ground squirrel," *PloS one*, 5 (9), e13060.
[67]Thomsen, R. (2001), "Sperm competition and the function of masturbation in Japanese macaques (Macaca fuscata)," lmu.
[68]Pelé, M., Bonnefoy, A., Shimada, M., and Sueur, C. (2017), "Interspecies sexual behaviour between a male Japanese macaque and female sika deer," *Primates*, 58 (2), 275-278.
[69]Rohner, S., Hülskötter, K., Gross, S., Wohlsein, P., Abdulmawjood, A., Plötz, M., Verspohl, J., Haas, L., and Siebert, U. (2020), "Male grey seal commits fatal sexual interaction with adult female harbour seals in the German Wadden Sea," *Scientific reports*, 10 (1), 1-11.
[70]Levitas, E., Lunenfeld, E., Weiss, N., Friger, M., Har-Vardi, I., Koifman, A., and Potashnik, G. (2005), "Relationship between the duration of sexual abstinence and semen quality: analysis of 9,489 semen samples," *Fertility and sterility*, 83 (6), 1680-1686.
[71]Pellestor, F., Girardet, A., and Andreo, B. (1994), "Effect of long abstinence periods on human sperm quality," *International journal of fertility and menopausal studies*, 39 (5), 278-282.
[72]Lee, J., Cha, J., Shin, S., Cha, H., Kim, J., Park, C., Pak, K., Yoon, J., and Park, S. (2018), "Effect of the sexual abstinence period recommended by the World Health Organization on clinical outcomes of fresh embryo transfer cycles with normal ovarian response after intracytoplasmic sperm injection," *Andrologia*, 50 (4), e12964.
[73]Agarwal, A., Gupta, S., Du Plessis, S., Sharma, R., Esteves, S. C., Cirenza, C., Eliwa, J., Al-Najjar, W., Kumaresan, D., and Haroun, N. (2016), "Abstinence time and its impact on basic and advanced semen parameters," *Urology*, 94, 102-110.
[74]Tan, M., Jones, G., Zhu, G., Ye, J., Hong, T., Zhou, S., Zhang, S., and Zhang,

L. (2009), "Fellatio by fruit bats prolongs copulation time," *PLoS one*, 4 (10), e7595.

[75]Moore, R. (1985), "A comparison of electro-ejaculation with the artifical vagina for ram semen collection," *New Zealand veterinary journal*, 33 (3), 22-23.

[76]Alkan, S., Baran, A., ÖZDAŞ, Ö. B., and Evecen, M. (2002), "Morphological defects in turkey semen," *Turkish Journal of Veterinary and Animal Sciences*, 26 (5), 1087-1092.

[77]Edward, D. A., and Chapman, T. (2011), "The evolution and significance of male mate choice," *Trends in Ecology & Evolution*, 26 (12), 647-654.

[78]Hamermesh, D. S. (2011), *Beauty pays*: Princeton University Press.

[79]Grammer, K., and Thornhill, R. (1994), "Human (Homo sapiens) facial attractiveness and sexual selection: the role of symmetry and averageness," *Journal of comparative psychology*, 108 (3), 233.

[80]Thornhill, R., and Gangestad, S. W. (1993), "Human facial beauty," *Human nature*, 4 (3), 237-269.

[81]--- (1999), "The scent of symmetry: A human sex pheromone that signals fitness?," *Evolution and human behavior*, 20 (3), 175-201.

[82]Prokosch, M. D., Yeo, R. A., and Miller, G. F. (2005), "Intelligence tests with higher g-loadings show higher correlations with body symmetry: Evidence for a general fitness factor mediated by developmental stability," *Intelligence*, 33 (2), 203-213.

[83]Beach, F. A., and Jordan, L. (1956), "Sexual exhaustion and recovery in the male rat," *Quarterly Journal of Experimental Psychology*, 8 (3), 121-133.

[84]Fisher, A. E. (1962), "Effects of stimulus variation on sexual satiation in the male rat," *Journal of Comparative and Physiological Psychology*, 55 (4), 614.

[85]Symons, D. (1980), "Precis of The evolution of human sexuality," *Behavioral and Brain Sciences*, 3 (2), 171-181.

[86]Hrdy, S. B. 1979. The evolution of human sexuality: The latest word and the last. Stony Brook Foundation, Inc.

[87]Dewsbury, D. A. (1981), "Effects of novelty of copulatory behavior: The Coolidge effect and related phenomena," *Psychological Bulletin*, 89 (3), 464.

[88]--- (1971), "Copulatory behaviour of old-field mice (Peromyscus polionotus subgriseus)," *Animal Behaviour*, 19 (1), 192-204.
[89]Bateman, P. W. (1998), "Mate preference for novel partners in the cricket Gryllus bimaculatus," *Ecological Entomology*, 23 (4), 473-475.
[90]Gershman, S. N., and Sakaluk, S. K. (2009), "No Coolidge effect in decorated crickets," *Ethology*, 115 (8), 774-780.
[91]Dewsbury, D. A. (1982), "Ejaculate cost and male choice," *The American Naturalist*, 119 (5), 601-610.
[92]Podos, J., and Cohn-Haft, M. (2019), "Extremely loud mating songs at close range in white bellbirds," *Current Biology*, 29 (20), R1068-R1069.
[93]Rolstad, J., Rolstad, E., and Wegge, P. (2007), "Capercaillie Tetrao urogallus lek formation in young forest," *Wildlife Biology*, 13 (sp1), 59-67.
[94]Manamendra-Arachchi, K., de Silva, A., and Amarasinghe, T. (2006), "Description of a second species of Cophotis (Reptilia: Agamidae) from the highlands of Sri Lanka," *Lyriocephalus*, 6 (Supplement 1), 1-8.
[95]Darwin, C. (1871), *The descent of man, and selection in relation to sex*: Princeton University Press.
[96]Zuk, M., Thornhill, R., Ligon, J. D., and Johnson, K. (1990), "Parasites and mate choice in red jungle fowl," *American Zoologist*, 30 (2), 235-244.
[97]Hughes, D. P., Brodeur, J., and Thomas, F. (2012), *Host manipulation by parasites*: Oxford University Press.
[98]Berdoy, M., Webster, J. P., and Macdonald, D. W. (2000), "Fatal attraction in rats infected with Toxoplasma gondii," *Proceedings of the Royal Society of London. Series B: Biological Sciences*, 267 (1452), 1591-1594.
[99]Flegr, J. (2013), "How and why Toxoplasma makes us crazy," *Trends in parasitology*, 29 (4), 156-163.
[100]Dass, S. A. H., Vasudevan, A., Dutta, D., Soh, L. J. T., Sapolsky, R. M., and Vyas, A. (2011), "Protozoan parasite Toxoplasma gondii manipulates mate choice in rats by enhancing attractiveness of males," *PLoS one*, 6 (11), e27229.
[101]Lim, A., Kumar, V., Hari Dass, S. A., and Vyas, A. (2013), "Toxoplasma gondii infection enhances testicular steroidogenesis in rats," *Molecular ecology*,

22 (1), 102-110.

[102]Hodková, H., Kolbeková, P., Skallová, A., Lindová, J., and Flegr, J. (2007), "Higher perceived dominance in Toxoplasma infected men--a new evidence for role of increased level of testosterone in toxoplasmosis-associated changes in human behavior," *Neuroendocrinology Letters*, 28 (2), 110-114.

[103]Flegr, J., HRŮSKOVÁ, M., Hodný, Z., Novotna, M., and Hanušová, J. (2005), "Body height, body mass index, waist-hip ratio, fluctuating asymmetry and second to fourth digit ratio in subjects with latent toxoplasmosis," *Parasitology*, 130 (6), 621-628.

[104]Worth, A. R., Lymbery, A. J., and Thompson, R. A. (2013), "Adaptive host manipulation by Toxoplasma gondii: fact or fiction?," *Trends in parasitology*, 29 (4), 150-155.

[105]McCracken, K. G., Wilson, R. E., McCracken, P. J., and Johnson, K. P. (2001), "Are ducks impressed by drakes' display?," *Nature*, 413 (6852), 128-128.

[106]Briskie, J. V., and Montgomerie, R. (1997), "Sexual selection and the intromittent organ of birds," *Journal of Avian Biology*, 73-86.

[107]Brennan, P. L., Gereg, I., Goodman, M., Feng, D., and Prum, R. O. (2017), "Evidence of phenotypic plasticity of penis morphology and delayed reproductive maturation in response to male competition in waterfowl," *The Auk: Ornithological Advances*, 134 (4), 882-893.

[108]Coker, C. R., McKinney, F., Hays, H., Briggs, S. V., and Cheng, K. M. (2002), "Intromittent organ morphology and testis size in relation to mating system in waterfowl," *The Auk*, 119 (2), 403-413.

[109]Gasparini, C., Pilastro, A., and Evans, J. P. (2011), "Male genital morphology and its influence on female mating preferences and paternity success in guppies," *PloS one*, 6 (7), e22329.

[110]Fairbairn, D. J. (1997), "Allometry for sexual size dimorphism: pattern and process in the coevolution of body size in males and females," *Annual review of ecology and systematics*, 28 (1), 659-687.

[111]Rensch, B. (1950), "Die Abhängigkeit der relativen Sexualdifferenz von der Körpergrösse," *Bonner Zoologische Beiträge*, 1, 58-69.

[112]Abouheif, E., and Fairbairn, D. J. (1997), "A comparative analysis of allometry for sexual size dimorphism: assessing Rensch's rule," *The American Naturalist*, 149 (3), 540-562.
[113]Blanckenhorn, W. U. (2000), "The evolution of body size: what keeps organisms small?," *The Quarterly Review of Biology*, 75 (4), 385-407.
[114]Gwynne, D. T. (2008), "Sexual conflict over nuptial gifts in insects," *Annu. Rev. Entomol.*, 53, 83-101.
[115]Johns, J. L., Roberts, J. A., Clark, D. L., and Uetz, G. W. (2009), "Love bites: male fang use during coercive mating in wolf spiders," *Behavioral Ecology and Sociobiology*, 64 (1), 13.
[116]Golubović, A., Arsovski, D., Tomović, L., and Bonnet, X. (2018), "Is sexual brutality maladaptive under high population density?," *Biological Journal of the Linnean Society*, 124 (3), 394-402.
[117]Han, C. S., and Jablonski, P. G. (2010), "Male water striders attract predators to intimidate females into copulation," *Nature communications*, 1 (1), 1-6.
[118]Gilbert, L. E. (1976), "Postmating female odor in Heliconius butterflies: a male-contributed antiaphrodisiac?," *Science*, 193 (4251), 419-420.
[119]Neff, B. D., Fu, P., and Gross, M. R. (2003), "Sperm investment and alternative mating tactics in bluegill sunfish (Lepomis macrochirus)," *Behavioral Ecology*, 14 (5), 634-641.
[120]Fleming, I. A. (1996), "Reproductive strategies of Atlantic salmon: ecology and evolution," *Reviews in Fish Biology and Fisheries*, 6 (4), 379-416.
[121]Gage, M. J., Stockley, P., and Parker, G. A. (1995), "Effects of alternative male mating strategies on characteristics of sperm production in the Atlantic salmon (Salmo salar): theoretical and empirical investigations," *Philosophical Transactions of the Royal Society of London. Series B: Biological Sciences*, 350 (1334), 391-399.
[122]Candolin, U. (1998), "Reproduction under predation risk and the trade–off between current and future reproduction in thc threespine stickleback," *Proceedings of the Royal Society of London. Series B: Biological Sciences*, 265

(1402), 1171-1175.

[123]Emlen, D. J. (2008), "The roles of genes and the environment in the expression and evolution of alternative tactics," *Alternative reproductive tactics: An integrative approach*, 85, 108.

[124]Lank, D. B., Smith, C. M., Hanotte, O., Burke, T., and Cooke, F. (1995), "Genetic polymorphism for alternative mating behaviour in lekking male ruff Philomachus pugnax," *Nature*, 378 (6552), 59-62.

[125]Keenleyside, M. H. (1972), "Intraspecific intrusions into nests of spawning longear sunfish (Pisces: Centrarchidae)," *Copeia*, 272-278.

[126]Taborsky, M., Oliveira, R., and Brockmann, H. J. (2008), "The evolution of alternative reproductive tactics: concepts and questions," *Alternative reproductive tactics: An integrative approach*, 1, 21.

[127]De Waal, F., and Waal, F. B. (2007), *Chimpanzee politics: Power and sex among apes*: JHU Press.

[128]Kruczek, M., and Styrna, J. (2009), "Semen quantity and quality correlate with bank vole males' social status," *Behavioural processes*, 82 (3), 279-285.

[129]Kidd, S. A., Eskenazi, B., and Wyrobek, A. J. (2001), "Effects of male age on semen quality and fertility: a review of the literature," *Fertility and sterility*, 75 (2), 237-248.

[130]Preston, B. T., Saint Jalme, M., Hingrat, Y., Lacroix, F., and Sorci, G. (2015), "The sperm of aging male bustards retards their offspring's development," *Nature communications*, 6 (1), 1-9.

[131]Smith, J. S., and Robinson, N. J. (2002), "Age-specific prevalence of infection with herpes simplex virus types 2 and 1: a global review," *The Journal of infectious diseases*, 186 (Supplement_1), S3-S28.

[132]Beck, C. W., and Promislow, D. E. (2007), "Evolution of female preference for younger males," *PloS one*, 2 (9), e939.

[133]Beck, C., and Powell, L. A. (2000), "Evolution of female mate choice based on male age: are older males better mates?."

[134]Sprague, D. S. (1998), "Age, dominance rank, natal status, and tenure among male macaques," *American Journal of Physical Anthropology: The*

Official Publication of the American Association of Physical Anthropologists, 105 (4), 511-521.
[135]Nakagawa, S., Schroeder, J., and Burke, T. (2015), "Sugar-free extrapair mating: a comment on Arct et al," *Behavioral Ecology*, 26 (4), 971-972.
[136]Kaufman, K. D., Olsen, E. A., Whiting, D., Savin, R., DeVillez, R., Bergfeld, W., Price, V. H., Van Neste, D., Roberts, J. L., and Hordinsky, M. (1998), "Finasteride in the treatment of men with androgenetic alopecia," *Journal of the American Academy of Dermatology*, 39 (4), 578-589.
[137]Tu, H. Y. V., and Zini, A. (2011), "Finasteride-induced secondary infertility associated with sperm DNA damage," *Fertility and sterility*, 95 (6), 2125. e2113-2125. e2114.
[138]Irwig, M. S., and Kolukula, S. (2011), "Persistent sexual side effects of finasteride for male pattern hair loss," *The journal of sexual medicine*, 8 (6), 1747-1753.
[139]Turek, P. J., Williams, R. H., Gilbaugh, J. H. I., and Lipshultz, L. I. (1995), "The reversibility of anabolic steroid-induced azoospermia," *The Journal of urology*, 153 (5), 1628-1630.
[140]Schürmeyer, T., Belkien, L., Knuth, U., and Nieschlag, E. (1984), "Reversible azoospermia induced by the anabolic steroid 19-nortestosterone," *The lancet*, 323 (8374), 417-420.
[141]Knuth, U. A., Maniera, H., and Nieschlag, E. (1989), "Anabolic steroids and semen parameters in bodybuilders," *Fertility and sterility*, 52 (6), 1041-1047.
[142]Nieschlag, E., and Vorona, E. (2015), "Medical consequences of doping with anabolic androgenic steroids: effects on reproductive functions," *Eur J Endocrinol*, 173 (2), 47.
[143]Lee, H. J., Ha, S. J., Kim, D., Kim, H. O., and Kim, J. W. (2002), "Perception of men with androgenetic alopecia by women and nonbalding men in Korea: how the nonbald regard the bald," *International journal of dermatology*, 41 (12), 867-869.
[144]West, P. M., and Packer, C. (2002), "Sexual selection, temperature, and the lion's mane," *Science*, 297 (5585), 1339-1343.

[145]Franzoi, S. L., and Shields, S. A. (1984), "The Body Esteem Scale: Multidimensional structure and sex differences in a college population," *Journal of personality assessment*, 48 (2), 173-178.

[146]Crossley, K. L., Cornelissen, P. L., and Tovée, M. J. (2012), "What is an attractive body? Using an interactive 3D program to create the ideal body for you and your partner," *PloS one*, 7 (11), e50601.

[147]Dixson, A. F., Halliwell, G., East, R., Wignarajah, P., and Anderson, M. J. (2003), "Masculine somatotype and hirsuteness as determinants of sexual attractiveness to women," *Archives of sexual behavior*, 32 (1), 29-39.

[148]Leit, R. A., Gray, J. J., and Pope Jr, H. G. (2002), "The media's representation of the ideal male body: A cause for muscle dysmorphia?," *International Journal of Eating Disorders*, 31 (3), 334-338.

[149]Horwitz, H., Dalhoff, K., and Andersen, J. (2019), "The Mossman–Pacey Paradox," *Journal of internal medicine*, 286 (2), 233-234.

[150]Simmons, L. W. (2012), "Resource allocation trade-off between sperm quality and immunity in the field cricket, Teleogryllus oceanicus," *Behavioral Ecology*, 23 (1), 168-173.

[151]Robinson, B., and Doyle, R. (1985), "Trade-off between male reproduction (amplexus) and growth in the amphipod Gammarus lawrencianus," *The Biological Bulletin*, 168 (3), 482-488.

[152]Mole, S., and Zera, A. J. (1993), "Differential allocation of resources underlies the dispersal-reproduction trade-off in the wing-dimorphic cricket, Gryllus rubens," *Oecologia*, 93 (1), 121-127.

[153]Evans, J. P. (2010), "Quantitative genetic evidence that males trade attractiveness for ejaculate quality in guppies," *Proceedings of the Royal Society B: Biological Sciences*, 277 (1697), 3195-3201.

[154]Fisher, D. O., Dickman, C. R., Jones, M. E., and Blomberg, S. P. (2013), "Sperm competition drives the evolution of suicidal reproduction in mammals," *Proceedings of the National Academy of Sciences*, 110 (44), 17910-17914.

[155]Partridge, L., Gems, D., and Withers, D. J. (2005), "Sex and death: what is the connection?," *Cell*, 120 (4), 461-472.

[156]Maklakov, A. A., and Immler, S. (2016), "The Expensive Germline and the Evolution of Ageing," *Current Biology*, 26 (13), R577-R586.

[157]Arantes-Oliveira, N., Apfeld, J., Dillin, A., and Kenyon, C. (2002), "Regulation of life-span by germ-line stem cells in Caenorhabditis elegans," *Science*, 295 (5554), 502-505.

[158]Barnes, A. I., Boone, J. M., Jacobson, J., Partridge, L., and Chapman, T. (2006), "No extension of lifespan by ablation of germ line in Drosophila," *Proceedings of the Royal Society B: Biological Sciences*, 273 (1589), 939-947.

[159]Benedusi, V., Martini, E., Kallikourdis, M., Villa, A., Meda, C., and Maggi, A. (2015), "Ovariectomy shortens the life span of female mice," *Oncotarget*, 6 (13), 10801.

[160]Martin-Montalvo, A., Mercken, E. M., Mitchell, S. J., Palacios, H. H., Mote, P. L., Scheibye-Knudsen, M., Gomes, A. P., Ward, T. M., Minor, R. K., and Blouin, M.-J. (2013), "Metformin improves healthspan and lifespan in mice," *Nature communications*, 4 (1), 1-9.

[161]Tartarin, P., Moison, D., Guibert, E., Dupont, J., Habert, R., Rouiller-Fabre, V., Frydman, N., Pozzi, S., Frydman, R., and Lécureuil, C. (2012), "Metformin exposure affects human and mouse fetal testicular cells," *Human reproduction*, 27 (11), 3304-3314.

[162]Michiels, N. K., and Newman, L. (1998), "Sex and violence in hermaphrodites," *Nature*, 391 (6668), 647-647.

[163]Koene, J. M., and Chase, R. (1998), "Changes in the reproductive system of the snail Helix aspersa caused by mucus from the love dart," *Journal of Experimental Biology*, 201 (15), 2313-2319.

[164]Robertson, D. R. (1972), "Social control of sex reversal in a coral-reef fish," *Science*, 177 (4053), 1007-1009.

[165]Bellofiore, N., Ellery, S. J., Mamrot, J., Walker, D. W., Temple-Smith, P., and Dickinson, H. (2017), "First evidence of a menstruating rodent: the spiny mouse (Acomys cahirinus)," *American journal of obstetrics and gynecology*, 216 (1), 40. e41-40. e11.

[166]Strassmann, B. I. (1996), "Energy economy in the evolution of

menstruation," *Evolutionary Anthropology: Issues, News, and Reviews: Issues, News, and Reviews*, 5 (5), 157-164.
[167]Bhardwaj, J., and Saraf, P. (2014), "Influence of toxic chemicals on female reproduction: a review," *Cell Biol: Res Ther 3*, 1, 2.
[168]Cervello, I., and Simon, C. (2009), "Somatic stem cells in the endometrium," *Reproductive Sciences*, 16 (2), 200-205.
[169]Profet, M. (1993), "Menstruation as a defense against pathogens transported by sperm," *The Quarterly Review of Biology*, 68 (3), 335-386.
[170]Macklon, N. S., and Brosens, J. J. (2014), "The human endometrium as a sensor of embryo quality," *Biology of reproduction*, 91 (4), 98, 91-98.
[171]Alvergne, A., and Tabor, V. H. (2018), "Is female health cyclical? Evolutionary perspectives on menstruation," *Trends in Ecology & Evolution*, 33 (6), 399-414.
[172]Thornhill, R. (1983), "Cryptic female choice and its implications in the scorpionfly Harpobittacus nigriceps," *The American Naturalist*, 122 (6), 765-788.
[173]Lüpold, S., Manier, M. K., Puniamoorthy, N., Schoff, C., Starmer, W. T., Luepold, S. H. B., Belote, J. M., and Pitnick, S. (2016), "How sexual selection can drive the evolution of costly sperm ornamentation," *Nature*, 533 (7604), 535-538.
[174]Pilastro, A., Mandelli, M., Gasparini, C., Dadda, M., and Bisazza, A. (2007), "Copulation duration, insemination efficiency and male attractiveness in guppies," *Animal Behaviour*, 74 (2), 321-328.
[175]Firman, R. C., Gasparini, C., Manier, M. K., and Pizzari, T. (2017), "Postmating female control: 20 years of cryptic female choice," *Trends in Ecology & Evolution*, 32 (5), 368-382.
[176]Puts, D. A., and Dawood, K. (2006), "The evolution of female orgasm: Adaptation or byproduct?," *Twin Research and Human Genetics*, 9 (3), 467-472.
[177]Lloyd, E. A. (2009), *The case of the female orgasm: Bias in the science of evolution*: Harvard University Press.
[178]Pavličev, M., and Wagner, G. (2016), "The evolutionary origin of female orgasm," *Journal of Experimental Zoology Part B: Molecular and Developmental*

Evolution, 326 (6), 326-337.
[179]Alonzo, S. H., Stiver, K. A., and Marsh-Rollo, S. E. (2016), "Ovarian fluid allows directional cryptic female choice despite external fertilization," *Nature communications*, 7, 12452.
[180]Inceoglu, B., Lango, J., Jing, J., Chen, L., Doymaz, F., Pessah, I. N., and Hammock, B. D. (2003), "One scorpion, two venoms: prevenom of Parabuthus transvaalicus acts as an alternative type of venom with distinct mechanism of action," *Proceedings of the National Academy of Sciences*, 100 (3), 922-927.
[181]Løvlie, H., Zidar, J., and Berneheim, C. (2014), "A cry for help: female distress calling during copulation is context dependent," *Animal Behaviour*, 92, 151-157.
[182]Miller, G. T., and Pitnick, S. (2002), "Sperm-female coevolution in Drosophila," *Science*, 298 (5596), 1230-1233.
[183]Wulff, N. C., Van De Kamp, T., dos Santos Rolo, T., Baumbach, T., and Lehmann, G. U. (2017), "Copulatory courtship by internal genitalia in bushcrickets," *Scientific reports*, 7, 42345.
[184]Orr, T. J., and Zuk, M. (2014), "Reproductive delays in mammals: an unexplored avenue for post - copulatory sexual selection," *Biological Reviews*, 89 (4), 889-912.
[185]Berger, J. (1983), "Induced abortion and social factors in wild horses," *Nature*, 303 (5912), 59-61.
[186]Crawford, C., and Galdikas, B. M. (1986), "Rape in non-human animals: An evolutionary perspective," *Canadian Psychology/Psychologie canadienne*, 27 (3), 215.
[187]Lewis, R. J. (2018), "Female power in primates and the phenomenon of female dominance," *Annual review of anthropology*, 47, 533-551.
[188]--- (2002), "Beyond dominance: the importance of leverage," *The Quarterly Review of Biology*, 77 (2), 149-164.
[189]Cagnacci, A., Maxia, N., and Volpe, A. (1999), "Diurnal variation of semen quality in human males," *Human reproduction*, 14 (1), 106-109.
[190]Xie, M., Utzinger, K. S., Blickenstorfer, K., and Leeners, B. (2018), "Diurnal

and seasonal changes in semen quality of men in subfertile partnerships," *Chronobiology international*, 35 (10), 1375-1384.

[191]Hjollund, N. H. I., Bonde, J. P. E., Jensen, T. K., Olsen, J., and Team, D. F. P. P. S. (2000), "Diurnal scrotal skin temperature and semen quality," *International journal of andrology*, 23 (5), 309-318.

[192]Guler, A., Aydin, A., Selvi, Y., and Dalbudak, T. (2013), "Is time of childbirth affected by chronotype of the mother?," *Biological Rhythm Research*, 44 (5), 844-848.

[193]Lake, P., and Wood-Gush, D. (1956), "Diurnal rhythms in semen yields and mating behaviour in the domestic cock," *Nature*, 178 (4538), 853-853.

[194]Løvlie, H., and Pizzari, T. (2007), "Sex in the morning or in the evening? Females adjust daily mating patterns to the intensity of sexual harassment," *The American Naturalist*, 170 (1), E1-E13.

[195]Ben-David, M., Titus, K., and Beier, L. R. (2004), "Consumption of salmon by Alaskan brown bears: a trade-off between nutritional requirements and the risk of infanticide?," *Oecologia*, 138 (3), 465-474.

[196]Croft, D. P., Morrell, L. J., Wade, A. S., Piyapong, C., Ioannou, C. C., Dyer, J. R., Chapman, B. B., Wong, Y., and Krause, J. (2006), "Predation risk as a driving force for sexual segregation: a cross-population comparison," *The American Naturalist*, 167 (6), 867-878.

[197]Gage, M. J. (2005), "Evolution: sex and cannibalism in redback spiders," *Current Biology*, 15 (16), R630-R632.

[198]O'Hara, M. K., and Brown, W. D. (2021), "Sexual Cannibalism Increases Female Egg Production in the Chinese Praying Mantid (Tenodera sinensis)," *Journal of Insect Behavior*, 1-9.

[199]Glickman, S. E., Frank, L. G., Davidson, J. M., Smith, E. R., and Siiteri, P. (1987), "Androstenedione may organize or activate sex-reversed traits in female spotted hyenas," *Proceedings of the National Academy of Sciences*, 84 (10), 3444-3447.

[200]East, M. L., Hofer, H., and Wickler, W. (1993), "The erect 'penis' is a flag of submission in a female-dominated society: greetings in Serengeti spotted

hyenas," *Behavioral Ecology and Sociobiology*, 33 (6), 355-370.

[201]De Waal, F. B. (1995), "Bonobo sex and society," *Scientific american*, 272 (3), 82-88.

[202]Gerloff, U., Hartung, B., Fruth, B., Hohmann, G., and Tautz, D. (1999), "Intracommunity relationships, dispersal pattern and paternity success in a wild living community of Bonobos (Pan paniscus) determined from DNA analysis of faecal samples," *Proceedings of the Royal Society of London. Series B: Biological Sciences*, 266 (1424), 1189-1195.

[203]Burton, R. (1976), *The mating game*.

[204]Fricke, H., and Fricke, S. (1977), "Monogamy and sex change by aggressive dominance in coral reef fish," *Nature*, 266 (5605), 830-832.

[205]Wcislo, W. T., and Danforth, B. N. (1997), "Secondarily solitary: the evolutionary loss of social behavior," *Trends in Ecology & Evolution*, 12 (12), 468-474.

[206]Cant, M. A., Nichols, H. J., Johnstone, R. A., and Hodge, S. J. (2014), "Policing of reproduction by hidden threats in a cooperative mammal," *Proceedings of the National Academy of Sciences*, 111 (1), 326-330.

[207]Sharpe, L. L., Rubow, J., and Cherry, M. I. (2016), "Robbing rivals: interference foraging competition reflects female reproductive competition in a cooperative mammal," *Animal Behaviour*, 112, 229-236.

[208]Faulkes, C. G., and Bennett, N. C. (2001), "Family values: group dynamics and social control of reproduction in African mole-rats," *Trends in Ecology & Evolution*, 16 (4), 184-190.

[209]Cornwallis, C. K., Botero, C. A., Rubenstein, D. R., Downing, P. A., West, S. A., and Griffin, A. S. (2017), "Cooperation facilitates the colonization of harsh environments," *Nature ecology & evolution*, 1 (3), 1-10.

[210]Grinsted, L., and Field, J. (2017), "Market forces influence helping behaviour in cooperatively breeding paper wasps," *Nature communications*, 8 (1), 1-8.

[211]Hubbs, C. (1964), "Interactions between a bisexual fish species and its gynogenetic sexual parasite," 0082-3074, Texas Memorial Museum, The

University of Texas at Austin.
[212]Janko, K., Eisner, J., and Mikulíček, P. (2019), "Sperm-dependent asexual hybrids determine competition among sexual species," *Scientific reports*, 9 (1), 1-14.
[213]Schlupp, I. (2005), "The evolutionary ecology of gynogenesis," *Annu. Rev. Ecol. Evol. Syst.*, 36, 399-417.
[214]Grosmaire, M., Launay, C., Siegwald, M., Félix, M.-A., Gouyon, P.-H., and Delattre, M. (2018), "Why would parthenogenetic females systematically produce males who never transmit their genes to females?," *bioRxiv*, 449710.
[215]Lavanchy, G., and Schwander, T. (2019), "Hybridogenesis," *Current Biology*, 29 (1), R9-R11.
[216]Shuker, D. M., and Simmons, L. W. (2014), *The evolution of insect mating systems*: Oxford University Press, USA.
[217]Leniaud, L., Darras, H., Boulay, R., and Aron, S. (2012), "Social hybridogenesis in the clonal ant Cataglyphis hispanica," *Current Biology*, 22 (13), 1188-1193.
[218]Schwander, T., and Oldroyd, B. P. (2016), "Androgenesis: where males hijack eggs to clone themselves," *Philosophical Transactions of the Royal Society B: Biological Sciences*, 371 (1706), 20150534.
[219]Pope, T. R. (1990), "The reproductive consequences of male cooperation in the red howler monkey: paternity exclusion in multi-male and single-male troops using genetic markers," *Behavioral Ecology and Sociobiology*, 27 (6), 439-446.
[220]Goldenberg, S. Z., Douglas-Hamilton, I., and Wittemyer, G. (2016), "Vertical transmission of social roles drives resilience to poaching in elephant networks," *Current Biology*, 26 (1), 75-79.
[221]Slotow, R., Van Dyk, G., Poole, J., Page, B., and Klocke, A. (2000), "Older bull elephants control young males," *Nature*, 408 (6811), 425-426.
[222]Evans, K. E., and Harris, S. (2008), "Adolescence in male African elephants, Loxodonta africana, and the importance of sociality," *Animal Behaviour*, 76 (3), 779-787.
[223]Stokke, S. (1999), "Sex differences in feeding-patch choice in a

megaherbivore: elephants in Chobe National Park, Botswana," *Canadian Journal of Zoology*, 77 (11), 1723-1732.

[224]Geist, V., and PT, B. (1978), "Why deer shed antlers."

[225]Radespiel, U., Sarikaya, Z., Zimmermann, E., and Bruford, M. W. (2001), "Sociogenetic structure in a free-living nocturnal primate population: sex-specific differences in the grey mouse lemur (Microcebus murinus)," *Behavioral Ecology and Sociobiology*, 50 (6), 493-502.

[226]Packer, C., and Pusey, A. E. (1987), "The evolution of sex-biased dispersal in lions," *Behaviour*, 101 (4), 275-310.

[227]Sunquist, M., and Sunquist, F. (2017), *Wild cats of the world*: University of chicago press.

[228]Royle, N. J., Smiseth, P. T., and Kölliker, M. (2012), *The evolution of parental care*: Oxford University Press.

[229]Fernandez-Duque, E., Valeggia, C. R., and Mendoza, S. P. (2009), "The biology of paternal care in human and nonhuman primates," *Annual review of anthropology*, 38, 115-130.

[230]Bull, J. (1987), "Temperature - sensitive periods of sex determination in a lizard: Similarities with turtles and crocodilians," *Journal of Experimental Zoology*, 241 (1), 143-148.

[231]Janzen, F. J. (1994), "Vegetational cover predicts the sex ratio of hatchling turtles in natural nests," *Ecology*, 75 (6), 1593-1599.

[232]Komdeur, J., Daan, S., Tinbergen, J., and Mateman, C. (1997), "Extreme adaptive modification in sex ratio of the Seychelles warbler's eggs," *Nature*, 385 (6616), 522-525.

[233]Waage, J. K., and Ming, N. S. (1984), "The reproductive strategy of a parasitic wasp: I. optimal progeny and sex allocation in Trichogramma evanescens," *The Journal of Animal Ecology*, 401-415.

[234]West, H. E., and Capellini, I. (2016), "Male care and life history traits in mammals," *Nature communications*, 7, 11854.

[235]Miettinen, M., and Kaitala, A. (2000), "Copulation is not a prerequisite to male reception of eggs in the golden egg bug Phyllomorpha laciniata (Coreidae;

Heteroptera)," *Journal of Insect Behavior*, 13 (5), 731-740.
[236]Tallamy, D. W. (2001), "Evolution of exclusive paternal care in arthropods," *Annual review of entomology*, 46 (1), 139-165.
[237]Karels, T. J., and Boonstra, R. (2000), "Concurrent density dependence and independence in populations of arctic ground squirrels," *Nature*, 408 (6811), 460-463.
[238]Albon, S., Clutton-Brock, T., and Guinness, F. (1987), "Early development and population dynamics in red deer. II. Density-independent effects and cohort variation," *The Journal of Animal Ecology*, 69-81.
[239]Roulin, A. (2002), "Why do lactating females nurse alien offspring? A review of hypotheses and empirical evidence," *Animal Behaviour*, 63 (2), 201-208.
[240]Lank, D. B., Bousfield, M. A., Cooke, F., and Rockwell, R. F. (1991), "Why do snow geese adopt eggs?," *Behavioral Ecology*, 2 (2), 181-187.
[241]Gorrell, J. C., McAdam, A. G., Coltman, D. W., Humphries, M. M., and Boutin, S. (2010), "Adopting kin enhances inclusive fitness in asocial red squirrels," *Nature communications*, 1 (1), 1-4.
[242]Gaston, A. J., Leah, N., and Noble, D. G. (1993), "Egg recognition and egg stealing in murres (Uria spp.)," *Animal Behaviour*, 45 (2), 301-306.
[243]Russell, A. F., Carlson, A. A., McIlrath, G. M., Jordan, N. R., and Clutton - Brock, T. (2004), "Adaptive size modification by dominant female meerkats," *Evolution*, 58 (7), 1600-1607.
[244]Clutton-Brock, T., PNM, B., Smith, R., McIlrath, G., Kansky, R., Gaynor, D., O'riain, M., and Skinner, J. (1998), "Infanticide and expulsion of females in a cooperative mammal," *Proceedings of the Royal Society of London. Series B: Biological Sciences*, 265 (1412), 2291-2295.
[245]Helfenstein, F., Tirard, C., Danchin, E., and Wagner, R. H. (2004), "Low frequency of extra-pair paternity and high frequency of adoption in black-legged kittiwakes," *The Condor*, 106 (1), 149-155.
[246]St Clair, C. C., Waas, J. R., St Clair, R. C., and Boag, P. T. (1995), "Unfit mothers? Maternal infanticide in royal penguins," *Animal Behaviour*, 50 (5),

1177-1185.

[247]Culot, L., Lledo-Ferrer, Y., Hoelscher, O., Lazo, F. J. M., Huynen, M.-C., and Heymann, E. W. (2011), "Reproductive failure, possible maternal infanticide, and cannibalism in wild moustached tamarins, Saguinus mystax," *Primates*, 52 (2), 179-186.

[248]Vincent, A., Ahnesjö, I., Berglund, A., and Rosenqvist, G. (1992), "Pipefishes and seahorses: are they all sex role reversed?," *Trends in Ecology & Evolution*, 7 (7), 237-241.

[249]Berglund, A. (1993), "Risky sex: male pipefishes mate at random in the presence of a predator," *Animal Behaviour*, 46 (1), 169-175.

[250]Paczolt, K. A., and Jones, A. G. (2010), "Post-copulatory sexual selection and sexual conflict in the evolution of male pregnancy," *Nature*, 464 (7287), 401-404.

[251]Hinde, C. A., Buchanan, K. L., and Kilner, R. M. (2009), "Prenatal environmental effects match offspring begging to parental provisioning," *Proceedings of the Royal Society B: Biological Sciences*, 276 (1668), 2787-2794.

[252]Jones, N. G. B., and da Costa, E. (1987), "A suggested adaptive value of toddler night waking: delaying the birth of the next sibling," *Ethology and Sociobiology*, 8 (2), 135-142.

[253]Haig, D. (2019), "A 9-month lag in the effects of contraception: a commentary on Vitzthum, Thornburg, and Spielvogel," *Sleep Health: Journal of the National Sleep Foundation*, 5 (3), 219.

[254]Queller, D. C., and Strassmann, J. E. (2018), "Evolutionary conflict," *Annual Review of Ecology, Evolution, and Systematics*, 49, 73-93.

[255]Schrader, M., and Travis, J. (2009), "Do embryos influence maternal investment? Evaluating maternal - fetal coadaptation and the potential for parent - offspring conflict in a placental fish," *Evolution: International Journal of Organic Evolution*, 63 (11), 2805-2815.

[256]Paquet, M., and Smiseth, P. T. (2016), "Maternal effects as a mechanism for manipulating male care and resolving sexual conflict over care," *Behavioral Ecology*, 27 (3), 685-694.

[257]Schneider, M. (2013), "Adolescence as a vulnerable period to alter rodent behavior," *Cell and tissue research*, 354 (1), 99-106.

[258]Macrı, S., Adriani, W., Chiarotti, F., and Laviola, G. (2002), "Risk taking during exploration of a plus-maze is greater in adolescent than in juvenile or adult mice," *Animal Behaviour*, 64 (4), 541-546.

[259]Gardner, M., and Steinberg, L. (2005), "Peer influence on risk taking, risk preference, and risky decision making in adolescence and adulthood: an experimental study," *Developmental psychology*, 41 (4), 625.

[260]Steinberg, L., and Scott, E. S. (2003), "Less guilty by reason of adolescence: developmental immaturity, diminished responsibility, and the juvenile death penalty," *American psychologist*, 58 (12), 1009.

[261]Kuhnen, C. M., and Knutson, B. (2005), "The neural basis of financial risk taking," *Neuron*, 47 (5), 763-770.

[262]Heß, M., von Scheve, C., Schupp, J., Wagner, A., and Wagner, G. G. (2018), "Are political representatives more risk-loving than the electorate? Evidence from German federal and state parliaments," *Palgrave Communications*, 4 (1), 1-7.

[263]Philpot, R. M., and Wecker, L. (2008), "Dependence of adolescent novelty-seeking behavior on response phenotype and effects of apparatus scaling," *Behavioral Neuroscience*, 122 (4), 861.

[264]Spear, L. (2007), "The developing brain and adolescent-typical behavior patterns: An evolutionary approach."

[265]Liang, Z. S., Nguyen, T., Mattila, H. R., Rodriguez-Zas, S. L., Seeley, T. D., and Robinson, G. E. (2012), "Molecular determinants of scouting behavior in honey bees," *Science*, 335 (6073), 1225-1228.

[266]Jadhav,Kshitij S., Aurélien P. Bernheim, Léa Aeschlimann, Guylène Kirschmann, Isabelle Decosterd, Alexander F. Hoffman, Carl R. Lupica, and Benjamin Boutrel (2022), "Reversing anterior insular cortex neuronal hypoexcitability attenuates compulsive behavior in adolescent rats," *Proceedings of the National Academy of Sciences* ,119, no. 21: e2121247119.

[267]Rissman, E. F., Sheffield, S. D., Kretzmann, M. B., Fortune, J. E., and

Johnston, R. E. (1984), "Chemical cues from families delay puberty in male California voles," *Biology of reproduction*, 31 (2), 324-331.
[268]Gubernick, D. J., and Nordby, J. C. (1992), "Parental influences on female puberty in the monogamous California mouse, Peromyscus californicus," *Animal Behaviour*, 44, 259-267.
[269]Chaudhuri, J., Bose, N., Tandonnet, S., Adams, S., Zuco, G., Kache, V., Parihar, M., Von Reuss, S. H., Schroeder, F. C., and Pires-daSilva, A. (2015), "Mating dynamics in a nematode with three sexes and its evolutionary implications," *Scientific reports*, 5, 17676.
[270]Weeks, S. C. (2012), "The role of androdioecy and gynodioecy in mediating evolutionary transitions between dioecy and hermaphroditism in the Animalia," *Evolution: International Journal of Organic Evolution*, 66 (12), 3670-3686.
[271]Wedekind, C., Strahm, D., and Schärer, L. (1998), "Evidence for strategic egg production in a hermaphroditic cestode," *Parasitology*, 117, 373-382.
[272]Stewart, D. T., Hoeh, W. R., Bauer, G., and Breton, S. (2013), "Mitochondrial genes, sex determination and hermaphroditism in freshwater mussels (Bivalvia: Unionoida)," in Evolutionary biology: exobiology and evolutionary mechanisms: Springer, pp. 245-255.
[273]Stewart, A. D., and Phillips, P. C. (2002), "Selection and maintenance of androdioecy in Caenorhabditis elegans," *Genetics*, 160 (3), 975-982.
[274]Nuutinen, V., and Butt, K. R. (1997), "The mating behaviour of the earthworm Lumbricus terrestris (Oligochaeta: Lumbricidae)," *Journal of Zoology*, 242 (4), 783-798.
[275]Lubinski, B., Davis, W., Taylor, D., and Turner, B. (1995), "Outcrossing in a natural population of a self-fertilizing hermaphroditic fish," *Journal of Heredity*, 86 (6), 469-473.
[276]Chasnov, J. R., and Chow, K. L. (2002), "Why are there males in the hermaphroditic species Caenorhabditis elegans?," *Genetics*, 160 (3), 983-994.
[277]Chasnov, J. (2010), "The evolution from females to hermaphrodites results in a sexual conflict over mating in androdioecious nematode worms and clam shrimp," *Journal of evolutionary biology*, 23 (3), 539-556.

[278]Narita, S., Kageyama, D., Nomura, M., and Fukatsu, T. (2007), "Unexpected mechanism of symbiont-induced reversal of insect sex: feminizing Wolbachia continuously acts on the butterfly Eurema hecabe during larval development," *Applied and environmental microbiology*, 73 (13), 4332-4341.

[279]Jiggins, F. M., Hurst, G. D., and Majerus, M. E. (2000), "Sex-ratio-distorting Wolbachia causes sex-role reversal in its butterfly host," *Proceedings of the Royal Society of London. Series B: Biological Sciences*, 267 (1438), 69-73.

[280]Leclercq, S., Thézé, J., Chebbi, M. A., Giraud, I., Moumen, B., Ernenwein, L., Grève, P., Gilbert, C., and Cordaux, R. (2016), "Birth of a W sex chromosome by horizontal transfer of Wolbachia bacterial symbiont genome," *Proceedings of the National Academy of Sciences*, 113 (52), 15036-15041.

[281]Pitnick, S., Hosken, D. J., and Birkhead, T. R. (2009), "Sperm morphological diversity," in Sperm biology: Elsevier, pp. 69-149.

[282]Swallow, J. G., and Wilkinson, G. S. (2002), "The long and short of sperm polymorphisms in insects," *Biological Reviews*, 77 (2), 153-182.

[283]Shepherd, J. G., and Bonk, K. S. (2021), "Activation of parasperm and eusperm upon ejaculation in Lepidoptera," *Journal of insect physiology*, 130, 104201.

[284]Marks, J. A., Biermann, C. H., Eanes, W. F., and Kryvi, H. (2008), "Sperm polymorphism within the sea urchin Strongylocentrotus droebachiensis: divergence between Pacific and Atlantic oceans," *The Biological Bulletin*, 215 (2), 115-125.

[285]Heath, E., Schaeffer, N., Meritt, D., and Jeyendran, R. (1987), "Rouleaux formation by spermatozoa in the naked-tail armadillo, Cabassous unicinctus," *Reproduction*, 79 (1), 153-158.

[286]Higginson, D. M., and Pitnick, S. (2011), "Evolution of intra - ejaculate sperm interactions: do sperm cooperate?," *Biological Reviews*, 86 (1), 249-270.

[287]Fischer, E. A. (1980), "The relationship between mating system and simultaneous hermaphroditism in the coral reef fish, Hypoplectrus nigricans (Serranidae)," *Animal Behaviour*, 28 (2), 620-633.

[288]Leonard, J. L., and Lukowiak, K. (1984), "Male-female conflict in a

simultaneous hermaphrodite resolved by sperm trading," *The American Naturalist*, 124 (2), 282-286.

[289]Sapolsky, R. M. (2005), "The influence of social hierarchy on primate health," *Science*, 308 (5722), 648-652.

[290]Qvarnström, A., and Forsgren, E. (1998), "Should females prefer dominant males?," *Trends in Ecology & Evolution*, 13 (12), 498-501.

[291]Hollis, B., and Kawecki, T. J. (2014), "Male cognitive performance declines in the absence of sexual selection," *Proceedings of the Royal Society B: Biological Sciences*, 281 (1781), 20132873.

[292]Baur, J., Nsanzimana, J. d. A., and Berger, D. (2019), "Sexual selection and the evolution of male and female cognition: a test using experimental evolution in seed beetles," *Evolution*, 73 (12), 2390-2400.

[293]García - Peña, G., Sol, D., Iwaniuk, A., and Székely, T. (2013), "Sexual selection on brain size in shorebirds (C haradriiformes)," *Journal of evolutionary biology*, 26 (4), 878-888.

[294]Kotrschal, A., Corral-Lopez, A., Zajitschek, S., Immler, S., Maklakov, A. A., and Kolm, N. (2015), "Positive genetic correlation between brain size and sexual traits in male guppies artificially selected for brain size," *Journal of evolutionary biology*, 28 (4), 841-850.

[295]Byrne, R. W., and Corp, N. (2004), "Neocortex size predicts deception rate in primates," *Proceedings of the Royal Society of London. Series B: Biological Sciences*, 271 (1549), 1693-1699.

[296]Deaner, R. O., Isler, K., Burkart, J., and Van Schaik, C. (2007), "Overall brain size, and not encephalization quotient, best predicts cognitive ability across non-human primates," *Brain, behavior and evolution*, 70 (2), 115-124.

[297]Chen, J., Zou, Y., Sun, Y.-H., and Ten Cate, C. (2019), "Problem-solving males become more attractive to female budgerigars," *Science*, 363 (6423), 166-167.

[298]Corral-López, A., Bloch, N. I., Kotrschal, A., van der Bijl, W., Buechel, S. D., Mank, J. E., and Kolm, N. (2017), "Female brain size affects the assessment of male attractiveness during mate choice," *Science advances*, 3 (3), e1601990.

[299]Lack, D. L. (1968), "Ecological adaptations for breeding in birds."

[300]Bray, O. E., Kennelly, J. J., and Guarino, J. L. (1975), "Fertility of eggs produced on territories of vasectomized red-winged blackbirds," *The Wilson Bulletin*, 187-195.

[301]Birkhead, T., Burke, T., Zann, R., Hunter, F., and Krupa, A. (1990), "Extra-pair paternity and intraspecific brood parasitism in wild zebra finches Taeniopygia guttata, revealed by DNA fingerprinting," *Behavioral Ecology and Sociobiology*, 27 (5), 315-324.

[302]Griffith, S. C., Owens, I. P., and Thuman, K. A. (2002), "Extra pair paternity in birds: a review of interspecific variation and adaptive function," *Molecular ecology*, 11 (11), 2195-2212.

[303]Bateman, A. J. (1948), "Intra-sexual selection in Drosophila," *Heredity*, 2 (3), 349-368.

[304]Chapman, T., Liddle, L. F., Kalb, J. M., Wolfner, M. F., and Partridge, L. (1995), "Cost of mating in Drosophila melanogaster females is mediated by male accessory gland products," *Nature*, 373 (6511), 241-244.

[305]Wigby, S., and Chapman, T. (2005), "Sex peptide causes mating costs in female Drosophila melanogaster," *Current Biology*, 15 (4), 316-321.

[306]Zimmer, C., and Emlen, D. (2013), "Evolution: Making Sense of Life. Roberts and Company Publishers," *Inc. Greenwood Village, CO.*

[307]Simmons, L. W. (2005), "The evolution of polyandry: sperm competition, sperm selection, and offspring viability," *Annual Review of Ecology, Evolution, and Systematics*, 36.

[308]East, M. L., and Hofer, H. (2010), "Social environments, social tactics and their fitness consequences in complex mammalian societies," *Social behaviour*, 360-390.

[309]Hatchwell, B. J., and Komdeur, J. (2000), "Ecological constraints, life history traits and the evolution of cooperative breeding," *Animal Behaviour*, 59 (6), 1079-1086.

[310]Hamilton, W. D. (1963), "The evolution of altruistic behavior," *The American Naturalist*, 97 (896), 354-356.

[311]Forstmeier, W., Nakagawa, S., Griffith, S. C., and Kempenaers, B. (2014), "Female extra-pair mating: adaptation or genetic constraint?," *Trends in Ecology & Evolution*, 29 (8), 456-464.

[312]Schacht, R., and Kramer, K. L. (2019), "Are we monogamous? A review of the evolution of pair-bonding in humans and its contemporary variation cross-culturally," *Frontiers in Ecology and Evolution*, 230.

[313]Dixson, A., and Altmann, J. (2000), "Primate sexuality: comparative studies of the prosimians, monkeys, apes, and human beings," *Nature*, 403 (6769), 481-481.

[314]Ford, C. S., and Beach, F. A. (1951), "Patterns of sexual behavior."

[315]Simmons, L. W., Firman, R. C., Rhodes, G., and Peters, M. (2004), "Human sperm competition: testis size, sperm production and rates of extrapair copulations," *Animal Behaviour*, 68 (2), 297-302.

[316]Engels, F. (2010), *The origin of the family, private property and the state*: Penguin UK.

[317]Morgan, L. H. (2019), *Ancient society: Or, researches in the lines of human progress from savagery, through barbarism to civilization*: Good Press.

[318]Kristof, N. D., and WuDunn, S. (2010), *Half the sky: Turning oppression into opportunity for women worldwide*: Vintage.

[319]Correll, S. J., Benard, S., and Paik, I. (2007), "Getting a job: Is there a motherhood penalty?," *American Journal of Sociology*, 112 (5), 1297-1338.

[320]Lundberg, S., and Rose, E. (2000), "Parenthood and the earnings of married men and women," *Labour Economics*, 7 (6), 689-710.

[321]Ward, K., and Wolf-Wendel, L. (2004), "Academic motherhood: Managing complex roles in research universities," *The Review of Higher Education*, 27 (2), 233-257.

[322]Mainwaring, M. C., and Griffith, S. C. (2013), "Looking after your partner: sentinel behaviour in a socially monogamous bird," *PeerJ*, 1, e83.

[323]Schrempf, A., Heinze, J., and Cremer, S. (2005), "Sexual cooperation: mating increases longevity in ant queens," *Current Biology*, 15 (3), 267-270.

[324]Firth, J. A., Voelkl, B., Farine, D. R., and Sheldon, B. C. (2015),

"Experimental evidence that social relationships determine individual foraging behavior," *Current Biology*, 25 (23), 3138-3143.

[325]Liepman, H. P. (1981), "The six editions of the 'origin of species' A comparative study," *Acta Biotheoretica*, 30 (3), 199-214.

[326]Spencer, H. (1896), *The principles of biology* (Vol. 1): D. Appleton.

[327]Huxley, T. H. (1899), *Evolution and ethics*: D. Appleton.

[328]Darwin, C. (1859), *The origin of species*: PF Collier & son New York.

[329]Turner, J. H., Beeghley, L., and Powers, C. H. (2002), "The sociology of Herbert Spencer," *The emergence of sociological theory, 5th ed, ed. JH Turner, L. Beeghley, and CH Powers*, 54-89.

[330]Spencer, H. (1892), *The principles of ethics* (Vol. 1): D. Appleton and company.

[331]Paul, D. B. (2003), "Darwin, social Darwinism and eugenics."

[332]Weikart, R. (2004), *From Darwin to Hitler*.

图书在版编目（CIP）数据

它们的性 / 王大可著. -- 北京 : 新星出版社,
2022.7（2024.11重印）
ISBN 978-7-5133-4959-8
Ⅰ. ①它… Ⅱ. ①王… Ⅲ. ①动物－性行为－普及读
物 Ⅳ. ①Q95-49

中国版本图书馆CIP数据核字(2022)第095969号

它们的性

王大可 著

责任编辑 汪 欣
特约编辑 赵慧莹
封面设计 尚燕平
插画设计 陈慕阳
内文制作 张 典
责任印制 李珊珊 史广宜

出　　版 新星出版社 www.newstarpress.com
出 版 人 马汝军
社　　址 北京市西城区车公庄大街丙 3 号楼　邮编 100044
　　　　 电话 (010)88310888　传真 (010)65270449
发　　行 新经典发行有限公司
　　　　 电话 (010)68423599　邮箱 editor@readinglife.com
法律顾问 北京市岳成律师事务所

印　　刷 北京盛通印刷股份有限公司
开　　本 850mm×1168mm 1/32
印　　张 10
字　　数 187千字
版　　次 2022年7月第一版　2024年11月第九次印刷
书　　号 ISBN 978-7-5133-4959-8
定　　价 59.00元

图片版权说明

（按图片出现页码为序）

图片页码：Ⅰ、95、168

来自网站 Artvee，https://artvee.com/books/natural-history-of-the-birds-of-central-europe/

Public Domain Mark 1.0

图片页码：Ⅱ—Ⅵ，90、91、93、94、165、169、170

来自 Wikimedia Commons

图片页码：92、166、167

来自图片网站 Flickr，https://www.flickr.com/photos/biodivlibrary/

Public Domain Mark 1.0